PEARSON

Education
Taiwan

知 識 無 疆 界

OPTIONS MADE EASY:
YOUR GUIDE TO PROFITABLE TRADING, 2nd Edition

選擇權易利通
台灣交易實務與策略大全

柯恩(Guy Cohen) 著

李榮祥、劉世平 譯

鐘振寧 編譯

台灣培生教育出版股份有限公司
Pearson Education Taiwan Ltd.

推薦序

　　這是一本介紹股票選擇權交易策略的書，本書對股票選擇權的基本交易環境，各種選擇權交易之策略與實務，都有深入淺出的介紹。

　　本書與坊間流行的選擇權書籍不同的是，一般學術界出版的選擇權書籍充斥著令人望而生畏的數理統計之陳述，但對於投資者所想要了解的交易實務與策略卻鮮少著墨，本書內容則都是一般非商學背景的投資者可以充分了解的，對於選擇權投資者所想要了解的交易實務、資金管理與風險控管，都有詳實的介紹。

　　此外，本書內容並無一般出版交易策略的書所易犯的浮誇不實，對於選擇權各種交易策略的使用時機與潛在風險都平實地敘述，不似坊間有些選擇權實務的書籍，充滿快速致富之誇大不實的廣告。本書作者不斷提醒讀者，選擇權市場充滿風險與機會，只有具備耐心、毅力、知識、紀律並準備充分的交易者才能存活，對於那些想要在選擇權市場長期存活並獲利的交易者，本書是不可多得的參考書。

　　更難能可貴的是，本書對美國股票現貨市場交易環境與影響因素之解析，對影響股票價格的基本分析、技術分析，甚至對投資心

理之介紹，不只是對選擇權市場的交易者適用，即使不想交易選擇權的股市投資人，也應該發現本書所介紹的各種影響美國股市之策略分析與交易紀律，對投資台灣股票有相當的參考價值。

不過，讀者必須注意的是，這是一本以美國股票選擇權市場為投資標的的書，書中所舉的股票、股票選擇權或期貨、所描述的交易環境與制度，和台灣投資者所面臨的環境並不完全一樣，當投資者想要在台灣的選擇權市場使用本書所建議的各種投資策略時，不要忘記得先對台灣本土選擇權市場之交易標的、方式與制度再做一番了解與驗證，才是使用本書的最好方式。

所幸，本書新版時，鐘振寧先生不但加上了他個人對避險基金與商品交易顧問(CTA)操作技術的模組說明，更在第四至九章，將本書所介紹的各種選擇權交易策略用奇狐勝券的圖來解說台灣的例子，更增加了本書的可讀性與應用性。

本人長期在期貨與選擇權市場教學與交易，發現要在選擇權市場致勝必須要有三個條件：第一行情方向要正確；第二對應的交易策略要正確；第三所收付的選擇權權利金要合理。一般在學校裡對於選擇權的權利金之計算教得比較多，但權利金的高低可以由電腦軟體的隱含波動率得知，因此在實務操作時，行情的研判與對應的策略才是交易致勝的關鍵。對於想在台灣的期貨與選擇權市場體驗的交易人來說，我以為本書是不可多得的參考書。

本書的原譯者李榮祥先生是我台南一中的同班同學，一向好學

深思，在高中就有哲學家的雅號。榮祥在期貨與選擇權市場浸淫十多年，不但常在我的課與我辯難，更常把他在實務與技術分析研究發現的心得與我分享，讓我收穫很多。榮祥不幸在2006年英年早逝，但他留下的大量文稿仍將繼續嘉惠選擇權市場的同號。新版的編者鐘振寧先生在期貨與選擇權市場也經驗豐富，在台灣期貨市場尚未開放時就聽過我在業界所開的選擇權的課，本書經過他以圖形及台股指數期貨及選擇權為例來說明各種交易策略的特徵與應用時機，更增加本書新版的可讀性，因此本書不是單純的翻譯，是針對台灣市場特性的改編，相信對台灣市場的讀者更為有用。

劉德明

2008年6月16日於西子灣

（本文作者劉德明博士現為國立中山大學財務管理系教授。曾任職於美國芝加哥商業交易所並參與我國期貨與選擇權市場之建立，在我國與美國的股票與衍生性金融商品有二十年以上的實際交易經驗。）

推薦序

　　選擇權是國人既陌生又好奇的衍生性金融商品，也是金融市場重要的交易工具之一。政府近年來致力於推動期貨選擇權市場，如台股指數期貨、電子指數期貨，及金融指數期貨，以提供投資大眾及外資法人進入股票市場能有充分的避險管道。而台指選擇權、電指選擇權及金融期指選擇權的問世，也讓台灣的衍生性融商品市場蓬勃發展。其中市場對台股指數選擇權的熱烈參與，更讓成交量屢創新高，使選擇權市場成了當紅炸子雞。

　　近年來國內衍生性金融市場逐漸掀起一股研究選擇權的風氣，由一開始的樂透買方，到莊家賣方，百家爭鳴、百花齊放。但始終難有定論，其因在於市場乃變化多端，必須隨機應變，策略靈活與實務經驗往往就成了決勝關鍵，而選擇權策略的多元化特性，也充分提供了交易者研發策略的舞台。

　　本書深入淺出，整理選擇權基本知識、基本分析與技術分析，並融合理論與實務精闢之處，加上實戰經驗累積的心得分享，更加說明選擇交易輔助工具的重要性。第四章提到第三代CTA多重時間架構的計量模組，道出了技術分析的深度；尤其第七章價差策略，透過選擇權非線性報酬的特性，將可能的市場情境轉變，經由內化

的應對功力，轉換爲不對稱賭注的受益者，更直接點出了選擇權交易策略的優勢價值。

　　本書編者從事台灣期貨選擇權交易多年，其在期貨選擇權實戰交易經驗及專業造詣更是期貨選擇權市場領域之翹楚。衍生性金融商品之學識精深且熟諳交易策略實際操作，拜讀其將選擇權知識及多年心得撰寫成書，實爲難得之佳作並予以最高評價。期以本書協助有志於期貨選擇權市場人士更進一步了解選擇權，更期望成爲專業人士參與期權市場實務運作必備參考書籍。

吳啓銘

2008年6月18日

（康和期貨經理事業總經理）

譯序

　　作者以成功交易家的背景，在開場白提出：耐心、堅毅、知識、誠實、交易計畫、交易紀律等等獲利交易的重要關鍵與嚴肅的態度。

　　國人開始接觸台指選擇權交易一兩年以來，從起初玩樂透的心態，炒作出一股交易風潮，卻因時間價值的耗損而陣亡……。部分投資人自以為能夠掌控高度獲利機率，在波動率一路下滑的情況下，大量放空價平選擇權，將台指選擇權日成交量推升至四十一萬口的天量，一旦市場出現一兩波趨勢行情，便將他們所賺取的微薄權利金收益，瞬間化為烏有。

　　顯而易見地，對交易市場的投資客而言，目前迫切需要的就是淺顯易懂的交易策略以及有關這方面更深入的知識教育；第六章「選擇權術語導論」針對選擇權特有的風險因子，以風險輪廓圖解，配合部位損益與股價走勢做了詳細的說明。

　　坊間有關選擇權書籍，鮮少有這種以理論配合圖形，闡明部位風險管理觀念的編寫方式。本書作者以互動的問答方式，讓讀者在答問之間，循循善誘地被導入選擇權多面向風險的部位管理世界。

　　第十章「交易與投資心理」，作者更以最流行的神經語言程序

(Neuro-Linguistic Programming)觀念，教導有興趣當操盤手的人士，以控制情緒的方式，來提昇操作績效，並強調交易紀律的重要性，介紹如何以自我承諾的觀念，來處理資金控管的決策品質。

　　第十一章「整合交易計畫並付諸行動」，作者將擬定一個交易計畫的詳細步驟，完整地呈現在讀者面前。

　　　總之，這是一本初學者不會被誤導的啟蒙書籍。正如作者所強調的，愈簡單的策略愈容易獲利。但前提是，您必須對於這些策略有充分的知識與了解。選擇權交易策略，的確有無限想像的空間，在書末附錄羅列出圖文並茂的交易策略，以供讀者一窺選擇權交易之堂奧。

合譯者 Zone3 李榮祥

2004年3月9日

目次 contents

前言

　　本書在原作者柯恩(Guy Cohan)先生的許可之下，為求與國內選擇權交易實務接軌，在第5至9章做了較大幅度的編修。除了文字上力求平易近人以外，並透過奇狐勝券分析軟體，大量穿插以台指選擇權為範例之圖示，以加深讀者印象。

　　第4章有關技術分析之前半段，則以黃勝友先生所發明的多國專利軟體發明「乾坤輪」來講解2008年總統大選前，如何利用技術分析操作來獲利。而多重時間架構的新觀念，也會在第4章詳加介紹。

　　在第5至9章除了針對選擇權許多基本策略的風險結構圖做解說，在進階運用上的希臘字母敏感性分析，筆者也以口語方式加上軟體實際圖例做解說，應可幫助讀者由淺入深地通盤了解其意義。

　　本書承蒙奇狐勝券分析軟體的鼎力襄助，提供讀者為期一個月的盤後試用版，請將書中的回函卡寄回，即可獲得試用的帳號及密碼。透過軟體實際操作，相信更能讓讀者加深對選擇權的理解，進入風險鎖定而利潤開放的非線性報酬投資領域。

鐘振寧

（任職於國內投信新金融商品部）

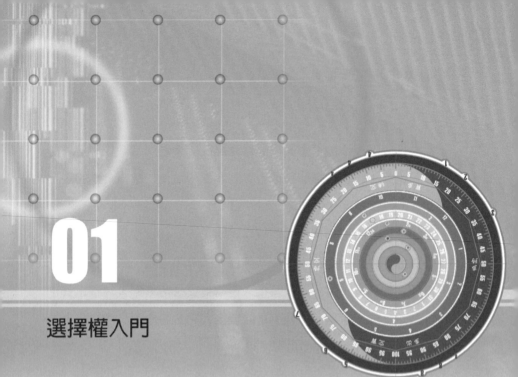

01

選擇權入門

為什麼選擇權被很多人誤解為高風險的金融商品？我們是不是可以反過來，將選擇權解釋成可以限制風險並使報酬極大化的工具呢？本書的精神就在化繁為簡。

儘管大家對選擇權仍有些戒慎恐懼，不過選擇權交易還是愈來愈受歡迎。以往它是法人和專業經理人的專屬工具，如今已受到全世界散戶的喜愛。還記得我剛投入選擇權交易時，家人曾嚴正警告我，當時我的回答是：「我不是賭徒，我一定會拿捏尺度、安全進出。」既然我可以，你們也做得到。

成功投資守則

- ▸ 耐心。
- ▸ 毅力。
- ▸ 知識。
- ▸ 誠實。
- ▸ 事先規劃。
- ▸ 紀律。

耐心

有把握從交易市場上獲利，想必是你生涯中最感興奮的經驗。你會開始想像夢寐以求的房子、車子、遊艇和休閒生活，一個充滿

　　無限可能的新世界就此展開。我看過一些參加選擇權研討會後便興奮嘗試交易的人，這並不明智。研討會通常只會挑起你的操作慾望，不但沒分享實際經驗，有時候聽完甚至連基本的專有名詞還搞不清楚。所以，先讓自己了解一些基本觀念，隨時要保持謹慎冷靜的態度，無論如何不要光憑一股衝動便進出市場。

　　你不可能會因為參加一場醫學會議就決定去動腦部手術吧！對市場交易的態度也該如此，特別是選擇權交易。先花點時間學習，研讀本書就是給你一個學習的機會。即便你已是買賣股票或期貨的老手，你還是可以更精進。

　　一旦調整好心態，再來就需要耐心操作。你我可能都有類似的經驗──在還沒確定某筆投資是否正確前就提早投入。切記！要有耐心。吸口氣緩和一下，然後切實遵守你自己的投資行動計畫。

　　耐心也牽涉到交易策略、有利時機和規避風險的研擬。賺錢要保持耐心，愈有耐心的人，報酬愈大。有耐心不代表一味旁觀或是漠不關心，先花點時間學習，累積經驗後將知識和經驗重複運用在你累積財富的過程中。

　　複利就是耐心最實際的回饋。如果每週持續1%的獲利率，1年就有67%的報酬率。以10,000美元的投資本錢為例，由下表即可看出不同週報酬率產生驚人的複利效果：

週報酬率	月報酬率	1年	2年	3年	3年後的報酬率
1%	4%	$16,777	$28,146	$47,220	472%
2%	8.24%	$28,003	$78,418	$219,597	2,196%
3%	12.55%	$46,509	$216,307	$1,006,021	10,060%
4%	16.99%	$76,866	$590,836	$4,541,517	45,415%
5%	21.55%	$126,428	$1,598,406	$20,208,201	202,083%

上表確實說明耐心的必要性：保持一定的獲利步調，就能讓複利發揮效果。這並不是要你以表中的報酬率為目標，而是要讓你了解，微薄的報酬率如何在3年後聚沙成塔。

毅力

永遠不要停止追求目標。經驗告訴我們，如果你相信一件事，就該努力不懈直到達成目標。一旦目標達成，再設定下一個目標。

不管你是專職還是業餘投資人，想成為一個交易高手，就要以此為座標，每個人都做得到。看看小嬰兒，他們可不會因為失敗幾次就不再走路或說話，所以你當然更要堅持理想，絕不輕言放棄。

話說回來，目標的設定要實際，在合理時間內訂下可以達成的目標。等了解四大主要的選擇權投資風險後，持續訂定可達成的目標（不妨保持一點挑戰性），慢慢修正策略，就可以保持學習和獲取經驗的動力。

知識

了解汲取知識和交易本身需要耐心之後，請記得：知識的取得其實可以既簡單又迅速的。坊間有不少模擬實際交易的工具，更有專為幫助建立資料庫而精心設計的參考書籍和網站。

經驗傳承是最寶貴的知識。我們大可利用「機械式交易操作」，但很少人這麼做。因為人是有情緒和感性的動物。儘管我們都知道在市場中要拋開情緒，但總是光說不練。或許我們能將情緒和感性轉化為交易時的助力！有關這一點會在第10章的交易心理學談到。

學習是以經驗為基礎的，學生時代那些幽默風趣、可怕嚴肅或是最漂亮和最醜的老師，你一定無法忘懷，原因就是他們在你的記憶裡留下深刻經驗。

市場交易也是如此。與交易相關的很多學習都是以經驗為基礎。這些極其深刻的經驗，讓你在順境或逆境中更了解自己。大多數的交易高手都曾有過慘痛經驗，不過，他們卻能化經驗為實力。以我個人的經驗來看，我曾經在短時間內賺到暴利，以為自己無所不能，最後卻全部血本無歸。當時的挫敗的確很痛苦，但卻給我上了一課！更重要的是，失敗為成功之母，我把這樣的經驗成功地運用在日後的交易上。

誠實

想成為一名有格調的交易員或投資人，就必須對自己誠實。真正讓你賺錢或賠錢的因素無他，「你」才是交易的關鍵所在。不管別人怎麼告訴你，你才是掌控局面的人。花時間責怪別人永遠都沒有幫助，試著面對自己、反問自己，還可以在哪些地方努力改進技巧、知識和表現，反而可以省下不少力氣。

事先規劃

每筆交易「一定」要事先規劃。首先你得清楚自己的底線：

▶ 最大風險。

▶ 最大報酬。

▶ 損益平衡點。

另外，還需要規劃：

▶ 進場點。

▶ 獲利或停損的出場點。

在選擇權交易上，我傾向以標的物（股票或期貨）的價格為停損基礎。多數時候標的物會比選擇權更具流動性，所以用標的物價格做減少損失的決定會比較容易操作。事先規劃選擇權交易的階段也包含挑選標的物、策略及在決策過程運用基本面和技術面輔助的分析。不過，最重要的還是要在妥善計畫後全力以赴。

紀律

養成吸收知識的耐心和運用前述原則後，絕對不要前功盡棄！這就要靠在每一次的交易時，堅守紀律並提醒自己：

▶ 做好事先規劃。

▶ 交互運用自己和他人的經驗。

▶ 不要偏離自己既定的合理策略。

這樣一來，你已朝較為機械化的操作模式邁進。在交易行為中，嚴守紀律的重要性遠勝一切。換句話說，紀律就是資金管理，沒有紀律管理，就算是用再精密的交易系統也不會成功。

嚴守合理的資金管理原則，可以將你的損失降至最低，避免自殺性的風險型態，使獲利的上檔無限。對於那些教授選擇權投資策略的專家，我常發現他們的投資組合風險曲線竟然如此令人驚訝。所以接著要來談談為什麼風險型態對於想要成功操作選擇權的你來說是如此重要。

風險型態圖

你知道買賣股票或期貨到底是怎麼回事？要解答這個問題，首先我們要學著畫出風險型態圖(Risk Profile Chart)。在進入更複雜的策略前，這是先要學會的基本功。

◀◀◀ **範例 1.1**

假設你以每股$25買進甲公司的股票。

1. 橫軸代表股價，股價愈漲曲線愈往右移。

2. 縱軸是你的交易獲利。

3. 表1.1的45度角線就是你的交易風險型態。隨著股票（標的物）的價格上漲，你的獲利亦跟著增加。當股價漲至$50，對應的縱軸值就是$25。

市價	−	買價	=	獲利（損失）
$50	−	$25	=	＋$25
$10	−	$25	=	−$15

表1.1 買入的資產風險型態

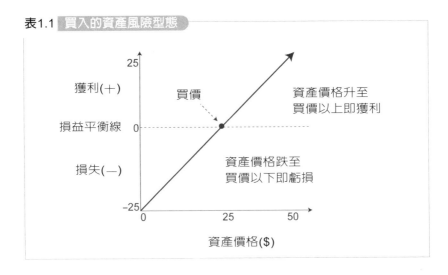

畫出風險型態圖的步驟

 步驟1：縱軸代表獲利／虧損部位

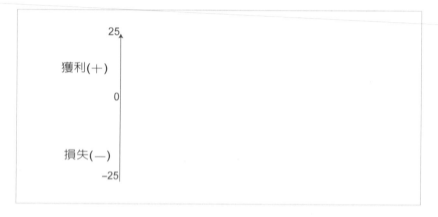

 步驟2：橫軸代表標的資產價格範圍

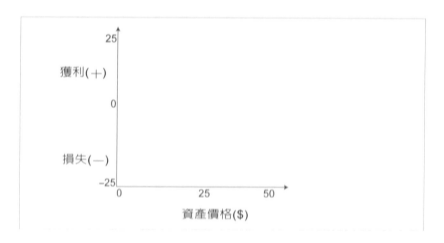

步驟3：損益平衡線

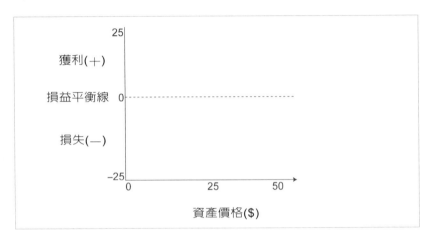

步驟4：風險型態線

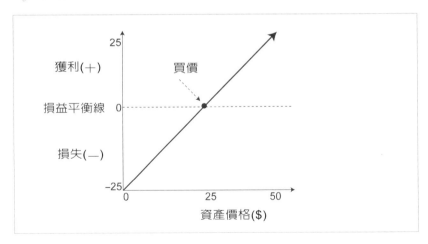

現在你知道買入某項資產後損益的示意圖，接著來看「放空」(shorting)某項資產的情形。

「放空」的意思是賣出手中原本並不具有的東西，在美國等市場是允許這樣的行為，但在英國的市場卻不准。

當你放空時，若標的資產價格上漲，你的損失可能無上限。最大的獲利則是放空價格，也就是標的物跌至價格為零。

表1.2 放空的資產風險型態

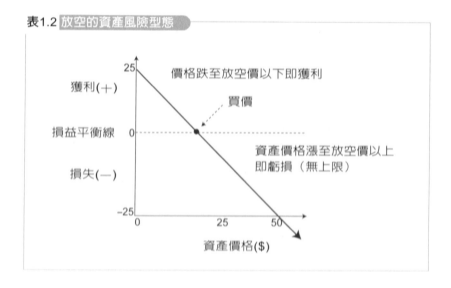

現在各位已了解如何畫出最基本的風險型態圖，下面就來談談什麼是選擇權。

選擇權的定義

選擇權就是在未來某一特定日期以前，享有以某一固定價格買進（或賣出）的權利，而非義務。影響力如下：

▸ 權利，而非義務。

▸ 買（或賣）某項資產。

▸ 以固定價格。

▸ 在未來某一特定日期以前。

權利，而非義務

買進選擇權者享有權利

▸ 買進一個選擇權（包括買權(Call)或賣權(Put)時），等同買進一項權利，而非義務；對某一標的資產可以買進買權或賣出賣權，例如，股份。

▸ 當買進一選擇權時，並無買進或賣出標的資產的義務，只有權以固定價格（即履約價）執行。

▸ 當買進一選擇權時，最大風險僅止於所付的權利金。

賣出選擇權即負有義務

▸ 當你賣出選擇權（買權或賣權）時，一旦買方履約，你便有義務向買方買回（當賣出賣權時）或交付（當賣出買權時）標的資產的義務。

▶ 賣出無保護(naked)選擇權時，因並未同時買進標的資產或選擇權以避風險，虧損無限。

考慮到「義務」，通常不建議投資人賣出選擇權部位。只有選擇權老手才會考慮賣出無保護選擇權，因為他們一定會事先想好保護策略、規避風險的措施。

| 買進買權者 | ◀—— 買進買權者有權利（但無義務）自賣方買進股票 —— | 賣出買權者 |
| | 賣出買權者遇買方履約時有義務將股票賣予買方 | |

| 買進賣權者 | ◀—— 買進賣權者有權利（但無義務）將股票售予賣方 —— | 賣出賣權者 |
| | 賣出賣權者遇買方履約時有義務將股票自買方買回 | |

選擇權類型：買權和賣權

▶ 買權：有權買進的選擇權。

▶ 賣權：有權賣出的選擇權。

整理如下：

▶ 買權是一種權利，而非義務，可以在未來特定日期前以固定價格買進某項資產。

▶ 賣權是一種權利，而非義務，可以在未來特定日期前以固定價格出售某項資產。

速記祕訣

買權是為了買進 —— 不妨想像為叫(Call)計程車。英文名稱之所以為Call，是因為當你買入它之後，便有權把標的資產自買權售出者處「叫」過來。

賣權是為了賣出 —— 不妨想像把筆放(Put)在桌上後離開。英文名稱之所以為Put，是因為當你買入之後，便有權把標的資產「放」給賣權售出者。

買權和賣權的類型

選擇權依履約方式可分為兩大類：美式選擇權(American Style)和歐式選擇權(European Style)。

▸ 美式選擇權的買方可以在到期日前的任何時間履約。

▸ 歐式選擇權的買方僅可在到期日履約。

目前交易市場大多數選擇權屬於美式，所有的美國股票選擇權亦皆屬美式。

美式選擇權比歐式選擇權的價值高，因為它提供較多的彈性。能夠在到期日前任意選擇時點履約，具有較高價值實屬合理。

一般而言，股票選擇權為美式，期貨選擇權為歐式。

圖1.1 美式和歐式選擇權

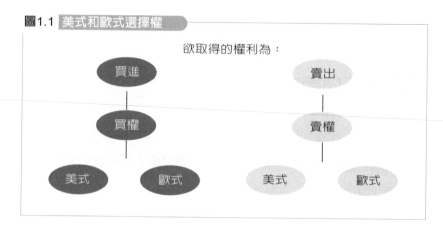

履約價

履約價(exercise price/strike price)指的是在選擇權可被履約時的固定交易價格。如果買進履約價為$50的買權,則有權以$50買入選擇權的標的資產。

不過,實際上只有當資產市價高於$50時,買權持有人才會想以50元履約買進,否則就沒有意義。例如,若市價僅$40,不會有人想花費$50履約,因為直接去交易市場上花費$40買就行了。

履約日

履約日(expiration date)指的是選擇權可以被履約的日期。當天的價值為:

▸ 買權價值=資產價格-履約價。

▸ 賣權價值=履約價-資產價格。

美國股票選擇權履約日皆為每月第三個星期五隔天的星期六。

選擇權價值評定

選擇權本身具有價值，不過選擇權和其衍生來源標的資產各自獨立，故稱選擇權為衍生性金融商品。選擇權本身的價值分成兩部分：**內含價值**(Intrinsic Value)和**時間價值**(Time Value)。

一般來說：

▸ 內含價值是指選擇權價值中價內(In the Money, ITM)的部分。

▸ 其餘的價值即為時間價值。價外(Out of the Money, OTM)選擇權沒有內含價值，因此僅剩時間價值。時間價值亦可稱為希望價值(Hope Value)。希望價值取決於履約日之前剩餘時間的長短和標的資產的價格。

▸ 對買權來說，當標的資產價格大於履約價時，稱為**價內**。

▸ 對買權來說，當標的資產價格小於履約價時，稱為**價外**。

▸ 對買權來說，當標的資產價格等於履約價時，稱為**價平**。

若是賣權則為：

▸ 當標的資產價格小於履約價時，此時稱為價內。

▸ 當標的資產價格大於履約價時，此時稱為價外。

▸ 當標的資產價格等於履約價時，此時稱為價平。

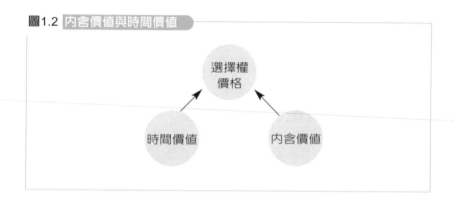

圖1.2 內含價值與時間價值

為什麼要做選擇權交易？

　　交易選擇權的主要理由，是投資人花少錢便可以享有對大量股票的控制權。特別就買權而言，買權的價格永遠會比標的資產便宜。**一般而言，選擇權的價值波動比標的資產來得大，因此投資人有機會得到較大報酬率**，這當然也會伴隨較大的風險。經過解釋之後，各位會發現，靈活運用也可增加投資的安全性。另外，各位還會了解，波動性大代表有更大的交易彈性，甚至在不知道股價走勢時還是有辦法獲利。

　　握有投資組合的投資人，可以在市場下跌時以選擇權交易為保護措施，當然也可以純粹靠建立選擇權部位來獲利，也許不是倍數以上的獲利，但絕對不無小補。

　　簡言之，選擇權能替投資人增加彈性，其潛在報酬要比股價變動還大，而且具有規避風險的功能。反過來說，若選擇權運用失

當，便可能導致嚴重虧損。本書只介紹安全的交易策略和各種交易類型的簡單原則。

買權的內含價值和時間價值

範例1.2 當內含價值存在時

買權內含價值		買權時間價值	
股價	$56	股價	$56
買權價格	$7.33	買權價格	$7.33
履約價	$50	履約價	$50
離履約時間	2個月	離履約時間	2個月
內含價值	$56—$50＝$6	時間價值	$7.33—$6 ＝$1.33

註：內含價值＋時間價值＝選擇權價格。

買權的內含價值和時間價值計算公式：

▸ 買權的內含價值＝股價－履約價

▸ 買權的時間價值＝買權價格－內含價值

內含價值最低為零。

範例1.3 當內含價值不存在時

買權內含價值	
股價	$48
買權價格	$0.75
履約價	$50
離履約時間	2個月
內含價值	$48－$50＝$0

註：內含價值＋時間價值＝選擇權價格。

買權時間價值	
股價	$48
買權價格	$0.75
履約價	$50
離履約時間	2個月
時間價值	$0.75－$0＝$0.75

賣權的內含價值和時間價值

範例1.4 當內含價值存在時

賣權內含價值	
股價	$77
賣權價格	$5.58
履約價	$80
離履約時間	4個月
內含價值	$80－$77＝$3

註：內含價值＋時間價值＝選擇權價格。

賣權時間價值	
股價	$77
賣權價格	$5.58
履約價	$80
離履約時間	4個月
時間價值	$5.58－$3＝$2.58

賣權的內含價值和時間價值計算公式：

▸ 賣權的內含價值＝履約價－股價

▸ 賣權的時間價值＝賣權價格（或價值）－內含價值

內含價值最低為零。

範例1.5 當內含價值不存在時

賣權內含價值		賣權時間價值	
股價	$85	股價	$85
賣權價格	$1.67	賣權價格	$1.67
履約價	$80	履約價	$80
離履約時間	4個月	離履約時間	4個月
內含價值	$80－$85＝$0	時間價值	$1.67－$0＝$1.67

註：內含價值＋時間價值＝選擇權價格。

影響選擇權價格的七大要素

影響選擇權的定價有七大要素。讓我們再複習一遍選擇權的定義，並從當中找尋線索。

選擇權的定義是：

- ▸ 權利，而非義務。
- ▸ 買（或賣）。
- ▸ 某項標的資產。
- ▸ 以固定價格。
- ▸ 在未來某一特定日期以前。

由此可見，七大要素為：

定義	相關要素
買或賣	選擇權類型（買權或賣權）將影響選擇權價格
標的資產	標的資產及其價格將影響選擇權價格
以固定價格	履約價或執行價將影響選擇權價格
在未來某一特定日期以前	履約日和時間價值將影響選擇權價格

另外，還有三個主要力量會影響選擇權定價：

要素	內容
波動性(volatility)	波動性對選擇權定價具有關鍵性的重大影響。選擇權交易時，若能掌握這一點，便有辦法挑選獲利性最高的特殊交易。技巧最高超的交易者永遠會化波動性為優勢。
零風險利率 (risk-free rate of interest)	指的是政府借貸的短期利率，所以稱為零風險，因看好借款的政府（已開發國家經濟體）債信良好。
應付股利 (dividends payable)	適用於標的資產持有者所可享有的收入「報酬」。若是股票選擇權即為應付股利。

影響選擇權價格的要素

影響選擇權價格的要素包括下列幾項：

1. 選擇權類型（買權或賣權）。

2. 標的資產價格。

3. 選擇權的履約價。

4. 履約日。

5. 波動性——隱含波動與歷史波動。

6. 無風險利率。

7. 股利和股票分割。

買權的風險型態圖

各位現在應該了解影響選擇權價值評定的因素。接下來看看買權的風險型態圖。我們已經知道，所謂買權是一種可買進某項資產的權利。因此按邏輯來說，這代表買權的風險型態圖應與標的資產本身類似。舉例如下：

表1.3 **買進買權的風險型態圖**

以範例1.2為例：

股價	$56
買權價格	$7.33
履約價	$50
離履約時間	2個月

獲利(＋)

損益平衡線 　0

−7.33

● 損益平衡點

損失(−)

25　　　　　50　　　　　75

資產價格($)

當股價升至$50以上，買權的買方開始獲利。

不過，還是要先賺回付出的買權($7.33)，因此損益平衡點為$57.33。

當股價低於$50時，最大損失為付出的買權價格，即$7.33。

　　每一張買進的買權，必有另一賣方(writer)。按常識來說，選擇權賣方的風險型態必定與買方不同。

表1.4 賣出買權的風險型態圖

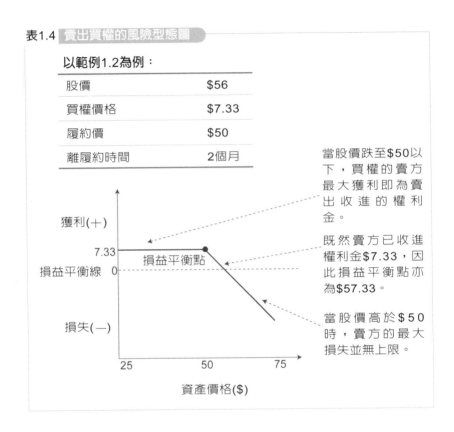

以範例1.2為例：

股價	$56
買權價格	$7.33
履約價	$50
離履約時間	2個月

當股價跌至$50以下，買權的賣方最大獲利即為賣出收進的權利金。

既然賣方已收進權利金$7.33，因此損益平衡點亦為$57.33。

當股價高於$50時，賣方的最大損失並無上限。

獲利(＋)

7.33 .... 損益平衡點

損益平衡線 0

損失(－)

25   50   75

資產價格($)

賣權的風險型態圖

賣權即是有權賣出某項資產。邏輯上這意味著賣權的風險型態應與買權或買入同一標的資產相反。看看下面的例子：

表1.5 買進賣權的風險型態圖

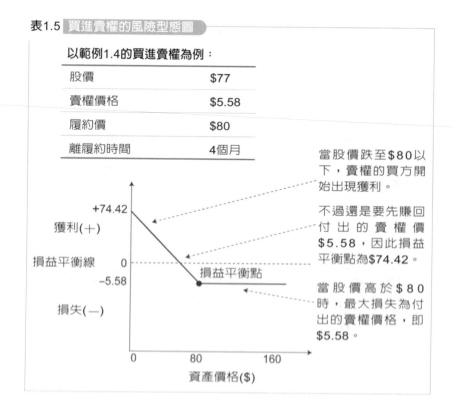

以範例1.4的買進賣權為例：

股價	$77
賣權價格	$5.58
履約價	$80
離履約時間	4個月

當股價跌至$80以下，賣權的買方開始出現獲利。

不過還是要先賺回付出的賣權價$5.58，因此損益平衡點為$74.42。

當股價高於$80時，最大損失為付出的賣權價格，即$5.58。

獲利（＋）

+74.42

損益平衡線　0

-5.58

損失（－）

損益平衡點

0　　　80　　　160

資產價格($)

　　由表1.5可看出，就買進賣權而言，標的資產跌價所帶來的最大報酬為$80－$5.58＝$74.42。

表1.6 賣出賣權的風險型態圖

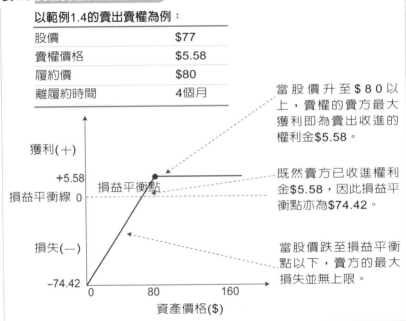

以範例1.4的賣出賣權為例：

股價	$77
賣權價格	$5.58
履約價	$80
離履約時間	4個月

當股價升至$80以上，賣權的賣方最大獲利即為賣出收進的權利金$5.58。

既然賣方已收進權利金$5.58，因此損益平衡點亦為$74.42。

當股價跌至損益平衡點以下，賣方的最大損失並無上限。

獲利(＋)

+5.58

損益平衡線 0

損益平衡點

損失(－)

−74.42

0   80   160

資產價格($)

買進或賣出的記憶祕訣

步驟1：基本數學原理

正正得正　　＋　＋　＝　＋

正負得負　　＋　－　＝　－

負正得負　　－　＋　＝　－

負負得正　　－　－　＝　＋

步驟2：把買進想成「正」，把賣出想成「負」

因此：

買進買權即正正得正　　＋　＋

賣出買權即負正得負　　－　＋

買進賣權即正負得負　　＋　－

賣出賣權即負負得正　　－　－

 步驟3：記得各個風險型態

當最後得出的值為正時，獲利線一定是由左下往右上走的斜線；當最後得出的值為負時，獲利線一定是由左上往右下走的斜線。

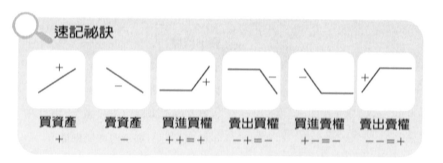

基本風險型態彙整

　　各位必須記住下列四張圖表，如果你原本只記得買進買權的話，現在要把另三張也記住。一旦你對這四張圖瞭若指掌，往後衍生出的其他組合型態便難不倒你。

選擇權四大基本風險型態

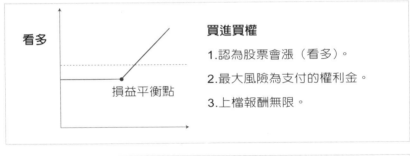

看多

損益平衡點

買進買權

1.認為股票會漲（看多）。

2.最大風險為支付的權利金。

3.上檔報酬無限。

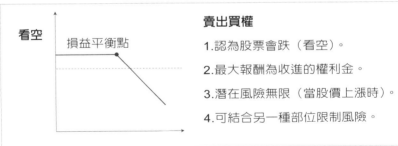

看空

損益平衡點

賣出買權

1.認為股票會跌（看空）。

2.最大報酬為收進的權利金。

3.潛在風險無限（當股價上漲時）。

4.可結合另一種部位限制風險。

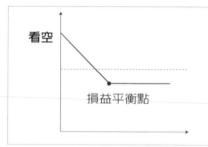

買進賣權

1. 認為股票會跌（看空）。

2. 最大風險為支付的權利金。

3. 上檔最大報酬為履約價減去支付的權利金。

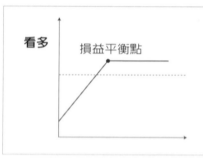

賣出賣權

1. 認為股票會漲（看多）。

2. 最大報酬為收進的權利金。

3. 最大風險為履約價減去收進的權利金。

4. 可結合另一種部位限制風險。

 開始做投資計畫的準備功課：

1. 哪一些股票或其他資產是我成功交易的考慮對象？

2. 哪一個交易方向（看多或看空）讓我感到比較放心？如果某支股票或整個市場正在下跌，是不是該考慮交易賣權？

3. 是否已檢視我所交易特殊資產的相關新聞？留意是不是將有季報或業績公布？政府是不是將有重大消息宣布？這些宣布會不會影響我的交易？我能利用這些消息強化哪些部位？還是該等政令宣布後再說？

4. 我是不是已檢視公司是否賺錢並作其他基本面的相關分析？

5. 是否已參閱圖表並作了任何的技術分析？有沒有遺漏什麼明

顯的型態，像是雙重頂(double top)或是三重頂(triple top)等的技術型態？

6. 哪種策略和風險型態能讓我放心交易？

7. 何時是每筆交易切入點與退場點的最好時機？

8. 了解自己的風險、報酬屬性和損益平衡點了嗎？

9. 我所設定的履約價位為何？

10. 該在何處獲利出場，又該在何處停損？

上面這些問題，都將在後面逐章探討。目前各位要考慮的主要是第一個問題和第二個問題。等到讀完本書，相信所有的問題都可獲得解答，然後開始建立你自己的投資計畫。

🔍 快速掃描

型態	內容	風險	報酬	損益平衡點
/	買資產	買價	無限	買價
\	賣資產	無限	放空賣出價	放空賣出價
‾\	買進買權	買權價格	無限	履約價＋付出的權利金
‾\	賣出買權	無限	最大為收進的權利金	履約價＋付出的權利金
_	買進賣權	賣權價格	履約價－付出的權利金	履約價－付出的權利金
_	賣出買權	履約價－收進的權利金	最大為收進的權利金	履約價－付出的權利金

02

進入市場

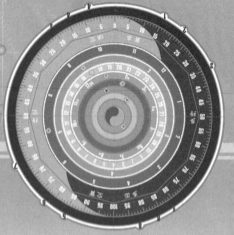

看懂選擇權交易行情表

選擇權交易行情表包含以下幾個重點：

▶ 標的資產。

▶ 履約日。

▶ 履約價。

▶ 選擇權買／賣價。

▶ 該選擇權當天的成交量。

▶ 該選擇權未平倉量。

進場後，讓我們來看一些選擇權交易的真實狀況。

範例2.1 系列買權行情表

MSFT - MICROSOFT CORP　　　　　← 標的資產

Last Trade	Net Change	Bid	Ask	Day High	Day Low	Volume	Trade Time	
46 1/8	3/4	46 1/16	45 1/8	46 13/16	45 1/8	14,428,500	11:35:27	News/Chart

Filter By

Month			Strike Price			
All	▼	And/Or	Equal To	▼		Search

← 履約日

Calls				Last	Change	Bid	Ask	Volume	Open Inerest	
Jan	20	2001	MQFAD	26 3/8	0	20	26 1/2	0	73	← 履約價
Jan	22.5	2001	MQFAX	0	0	23 1/2	24	0	0	
Jan	25	2001	MQFAE	21 5/8	0	21	21 1/2	0	619	
Jan	27.5	2001	MQFAY	15 1/4	0	18 5/8	19 1/8	0	44	← 買／賣價
Jan	30	2001	MQFAF	17 1/8	0	18 1/8	15 5/6	0	503	
Jan	32.5	2001	MQFAZ	10 3/8	0	13 3/4	14 1/4	0	138	
Jan	35	2001	MQFAG	11 7/8	0	11 1/2	12	0	753	
Jan	37.5	2001	MQFAU	9 1/2	0	9 3/8	9 3/4	0	755	← 成交量
Jan	40	2001	MQFAH	7 5/8	-1/2	7 3/8	7 3/4	28	6,244	
Jan	42.5	2001	MQFAV	6	0	5 5/6	6	0	3,234	
Jan	45	2001	MQFAI	4 3/8	-1/8	4	4 3/8	34	9,539	
Jan	47.5	2001	MQFAW	3	-1/4	2 3/4	3	30	9,010	← 未平倉量
Jan	50	2001	MSQAJ	1 7/8	-3/8	1 7/8	2	268	28,532	
Jan	52.5	2001	MSQAX	15/16	-1/8	1 1/8	15/16	130	8,846	
Jan	55	2001	MSQAK	13/16	-1/8	11/16	7/8	42	21,709	
Jan	57.5	2001	MSQAY	1/2	-1/8	7/16	5/8	1	8,903	
Jan	60	2001	MSQAL	1/4	-1/8	5/16	7/16	2	52,367	
Jan	62.5	2001	MSQAZ	3/16	0	3/16	3/8	20	43,334	← 選擇權代號
Jan	65	2001	MSQAM	1/5	+1/10	1/16	1/4	20	26,970	

　　上例是微軟公司(Microsoft Corp., MSFT)股票買權的一系列行情表，上百支的選擇權各有不同履約價和履約日。對每個選擇權來說，也各有其不同的買／賣報價和未平倉量。

　　系列買權行情表基本名詞解釋如下：

基本名詞	解釋
成交價(Last)	離目前最近的一次交易價格（此處有15分鐘時差）。
漲跌(Change)	自昨日收盤後的價格變動。
買價(Bid)	場內交易員願意買進的最高價，若你以市價下單賣出，將為可以賣出的價格。場內交易員藉買賣價差獲利。
賣價(Ask)	場內交易員願意賣出的最低價。若你以市價下單買進，將為可以買進的價格。
成交量(Volume)	當日交易至目前為止的成交口數。
未平倉量(Open interest)	目前市場上握有的口數。

範例2.2 系列賣權行情表

MSFT - MICROSOFT CORP								
Last Trade	Net Change	Bid	Ask	Day High	Day Low	Volume	Trade Time	
45 7/8	-1	45 7/8	45 15/15	46 13/16	45 1/8	16,804,900	12:25:30	News/Chart

Filter By

Month				Strike Price				
All	▼		And/Or	Equal To ▼				Search

Puts				Last	Change	Bid	Ask	Volume	Open Inerest
Jan	20	2001	MQFAD	1/8	0	0	1/8	0	1,001
Jan	22.5	2001	MQFAX	1/16	0	0	1/8	0	190
Jan	25	2001	MQFAE	1/8	0	0	1/8	0	2,766
Jan	27.5	2001	MQFAY	1/4	0	1/16	3/16	0	2,914
Jan	30	2001	MQFAF	1/4	0	3/16	5/15	0	2,467
Jan	32.5	2001	MQFAZ	1/2	0	5/16	7/16	0	1,998
Jan	35	2001	MQFAG	1/2	0	9/16	11/16	0	14,580
Jan	37.5	2001	MQFAU	13/16	0	3/4	7/8	0	19,671
Jan	40	2001	MQFAH	1 1/14	0	1 1/4	17/16	1,125	54,553
Jan	42.5	2001	MQFAV	2 1/14	47/16	1 15/16	2 1/8	3	39,567
Jan	45	2001	MQFAI	2 13/16	43/16	2 3/4	2 15/16	1,115	44,003
Jan	47.5	2001	MQFAW	4 1/8	0	4 1/8	4 3/8	0	17,376
Jan	50	2001	MSQAJ	5 3/4	+1/4	5 1/2	5 7/8	6	68,133
Jan	52.5	2001	MSQAX	7 1/4	0	7 1/4	7 5/8	0	11,911
Jan	55	2001	MSQAK	9 3/8	-1/4	9 3/9	9 5/8	11	45,195
Jan	57.5	2001	MSQAY	11 3/4	+1/2	11 1/2	11 7/8	214	13,571
Jan	60	2001	MSQAL	14 1/4	+3/8	13 7/8	14 1/4	30	57,573
Jan	62.5	2001	MSQAZ	16 5/8	+1/2	16 1/4	15 5/8	10	51,786
Jan	65	2001	MSQAM	19	0	18 3/4	19 1/4	59	30,686

標的資產
履約日
履約價
買／賣價
成交量
未平倉量
選擇權代號

選擇權合約

　　股票選擇權單位是以口計算，每一張合約口數代表某一特定單位數量的標的資產，視標的資產類型而定。美國的股票選擇權合約代表100股標的股票，英國則為1,000股。

　　因此，當看到一個美國股票買權報價為$1.45時，每口價即為$1.45×100。口為可交易的最小單位，對美國的股票選擇權來說為100股。換句話說，付出$145有權買進100股。

　　下表為各市場每張選擇權合約代表的標的證券數量。

標的資產	每張選擇權合約代表的數量
美國股票	100股
英國股票	1,000股
S&P指數期貨	一單位期貨（價值$250）
黃金期貨	一單位期貨（價值$100）
原油期貨	一單位期貨（價值$1,000）

以美股選擇權來說，由於每張合約代表100股，這對在考慮結合現貨與選擇權以建立新的風險型態時，具有相當重要性的指標。也就是每買或賣一張合約，都要做100股的交易才能達到完全保護(cover)。

範例2.3 受保護買權

本例僅是要說明一張美股選擇權合約如何透過100股得到保護。使用受保護買權策略的交易者，乃是為透過買權權利金收入來降低他們買進股票的成本。

交易步驟如下：

1. 買進股票。

2. 出售一份或兩份價外買權合約（也就是說，買權的價格高於股價，其目的為賺進權利金，因此價外偏離程度亦不宜過大，否則便無利潤可言）。

受保護買權

買進股票　＋　賣出買權　＝　受保護買權

如果你打算賣出五張微軟買權合約，每口$1.88，履約價$50（目前股價為$46.88），則代表你將收進$940權利金。但你也必須買進500股的微軟股份，以讓選擇權「受保護」(covered)。

這筆交易的淨成本如下：

操作	計算	成本
賣出5張微軟買權合約	5×$1.88×100	$940
買進500股的微軟股份（每股$46.88）	500×$46.88	($23,440)
		($22,500)

我們會在第5章用實例更深入討論受保護買權的好處。就我個人而言，並不是很喜歡運用這樣的策略，因為從上圖可以看到，受保護買權有相當大的下檔風險。目前各位只需要記得，當結合現股與股票選擇權操作時，記得每張選擇權合約代表的是一特定數量的股份（如美股為100股）。

選擇權交易所

　　全球目前有許多選擇權交易所，美國無疑是選擇權交易的中心，主要交易所超過10個。選擇權的交易量與日俱增，特別是股票選擇權，因為有愈來愈多的兼職散戶投入。茲以美國主要的選擇權交易所介紹如下：

選擇權交易所	交易產品介紹
美國股票市場 American Stock Exchange (AMEX)	▶ 股票 ▶ 個別股票選擇權 ▶ 股價指數
芝加哥期貨市場 Chicago Board of Trade (CBOT)	▶ 期貨 ▶ 農產品、貴金屬、股價指數、 　債務工具期貨選擇權
芝加哥選擇權市場 Chicago Board Options Exchange (CBOE)	▶ 個別股票選擇權 ▶ 股價指數選擇權 ▶ 公債選擇權
芝加哥商品市場 Chicago Mercantile Exchange (CME)	▶ 期貨 ▶ 農產品、股價指數、債務工具、 　外匯期貨選擇權
紐約股票市場 New York Stock Exchange (NYSE)	▶ 股票 ▶ 個別股票選擇權 ▶ 股價指數

選擇權交易所	交易產品介紹
太平洋股票市場 Pacific Stock Excnahge (PSE)	▶ 個別股票選擇權 ▶ 股價指數
費城股票市場 Philadephia Stock Exchange (PHLX)	▶ 股票 ▶ 期貨 ▶ 個別股票選擇權 ▶ 外匯 ▶ 股價指數

選擇權履約日

　　每個選擇權都有履約日(options expiration dates)，通常是以月份表示。美國的股票、股價指數和公債／利率選擇權的履約日，都是履約月份第三個星期五次日的星期六。交易在該星期五停止，但持有選擇權權者可在隔日履約。

履約價

　　就美國來說，選擇權的履約價(exercise prices)從$5起跳，其後以$2.5為單位增加。一旦達到$25，改為以$5為單位增加，至$200再改以$10為單位增加。當遇股票分割或公司合併時則略有差異。

保證金

保證金(margin)是指為確保履約維持交易而被要求存入帳戶的金額，**投資人可自開戶券商的保證金帳戶借出資金，但帳戶內必須保有可涵蓋潛在負債風險的流動資金**，特別是對放空、賣出無保護選擇權或作淨信用價差交易的人而言，以避免違約事件發生。

買股票時，投資人可以現金或融資帳戶（等於向券商借錢）支付約50%的價金。維持保證金(maintenance margin)的目的則是，為了確保保證金帳戶餘額不致為負值。過去維持保證金規定為股票金額的25%，並且隨波動指數調整。

當買進買權或賣權，則必須支付全價，不可做保證金交易。因為選擇權本身即已包含高度的槓桿操作，若再容許以保證金交易，則槓桿使用度將無法平衡。

賣出無保護選擇權，並非為避險所做的保護交易。各位可回顧一下，賣出買權或賣權的風險型態圖，其下檔的風險都是呈一條斜直線，而該保護的則是那一段斜線部分。因此，當你賣出無保護選擇權時，會被要求在保證金帳戶內維持某一數量的資金。這是為了確保買方履約時，賣方能夠執行其義務。當然，保證金的多寡並不一定。當你放空證券，賣出無保護選擇權或是做淨信用價差交易，雖然會有錢因此存進你的帳戶，但大部分情況仍會存在偶發的責任風險，因此帳戶還是得保有足夠資金以消弭風險。

這些資金可以現金或「質押證券」(marginable securities)的形式存放。質押證券的定義是：被券商視為足以當做交易者風險擔保品的資產。像微軟這種績優股，自然可作為質押證券，而一些交易時間短、低交易量和高波動性的低價股（$10以下）則不被接受。

請記得：在多數的情況下，放空證券或賣出無保護選擇權的潛在風險可能無限大。找出適合你的風險型態，根據你的風險偏好，有助讓你認清何時會出現潛在風險極高的情況。

範例2.4 保證金交易

範例2.4a 買股票

獲利型態	操作	最大風險	潛在報酬	損益平衡點
╱	買資產	購買價格	無限	買進價值

甲公司股票每股價格$48，以50%的融資額度買進300股。

股價	×	股份數	=	總買進價值
$48	×	300	=	$14,400

利用50%的融資為購入成本，所以事實上只需支付$7,200。

| $14,400 | × | 50% | = | $7,200 |

範例2.4b 放空股票

獲利型態	操作	最大風險	潛在報酬	損益平衡點
╲	賣資產	無限	放空價值	放空價值

同樣以範例2.4a解釋，股價還是$48，只是現在改爲放空：

股價	×	股份數	=	總放空收入
$48	×	300	=	$14,400

不過，在本例中必須存入保證金以規避潛在風險。保證金的計算方式爲以全額放空收入再加上1倍的金額：

$14,400	+	$14,400	=	$28,800

範例2.4c 買進買權

獲利型態	操作	最大風險	潛在報酬	損益平衡點
╱	買進買權	權利金	無限	履約價＋權利金

同樣以甲公司爲例，假設買權的權利金爲$6，履約價$50，買進四口合約。

權利金	×	每口合約代表股份數	×	合約數	=	總買進價值
$6	×	100	×	4	=	$2,400

記住：選擇權不得以融資交易。

範例2.4d 賣出無保護買權

獲利型態	操作	最大風險	潛在報酬	損益平衡點
	賣出買權	無限	最大損失為 權利金	履約價＋權利金

　　與範例2.4c類似，只是現在改爲賣出買權（無保護）。假設買權的權利金爲$6，履約價$50，賣出四口合約。股價仍爲$48。

　　因爲是賣出選擇權，所以必須在帳戶存有足夠資金規避履約風險。以下列出兩種情況，以金額較大者爲保證金之金額。

a. 總權利金收入　＋　股份總值 20%*　－　選擇權價外金額

　$6×4×100　＋　20%×$48×4×100　－　$2×4×100

　$2,400　＋　**$3,840**　－　**$800**　＝　**$5,440**

b. 總權利金收入　＋　股份總值 10%*

　$6×4×100　＋　10%×$48×4×100

　$2,400　＋　**$1,920**　＝　**$4,320**

* 實際比例以券商所訂爲準，本例僅供參考。

　　由於出售選擇權可收取權利金，因此實際上你需要額外存入的金額只有：

	規定保證金	權利金收入	需要額外存入的金額
a.	$5,440	$2,400	$3,040
b.	$4,320	$2,400	$1,920

由於保證金需取兩者中較高者，因此初始保證金為$5,440，必須另行存入$3,040才能進行交易。

範例2.4e 買進賣權

獲利型態	操作	最大風險	潛在報酬	損益平衡點
╲	買進賣權	權利金收入	履約價－權利金	履約價－權利金

同樣以甲公司為範例，假設賣權的權利金為$7.5，履約價$50，買進四口合約。

權利金	$\times$	每口合約代表股份數	$\times$	合約數	$=$	總買進價值
$7.5	$\times$	100	$\times$	4	$=$	$3,000

選擇權不得以融資交易，故無後續計算。

範例2.4f 賣出無保護賣權

獲利型態	操作	最大風險	潛在報酬	損益平衡點
╱	賣出賣權	履約價－權利金	最大為履約價	履約價－權利金

與範例2.4e類似，只是現在改為賣出賣權（無保護）。假設賣權的權利金為$7.5，履約價$50，賣出四口合約。股價仍為$48。

因為是賣出選擇權，所以必須在帳戶存有足夠資金規避履約

風險。以下列出兩種情況，以金額較大者爲保證金金額：

a.總權利金收入	＋ 股份總值 **20%***	－	選擇權價外金額
$7.5×4×100	＋ 20%×$48×4×100	－	$0× 4×100
$3,000	＋ **$3,840**	－ **$0**	＝ **$6,840**
			（因是賣權，故視爲價內）
b.總權利金收入	＋ 股份總值 **10%***		
$7.5×4×100	＋ 10%×$48×4×100		
$3,000	＋ **$1,920**		＝ **$4,920**

* 實際比例以券商所訂爲準，本例僅供參考。

由於出售選擇權可收取權利金，因此實際上你需要額外存入的金額只有：

	規定保證金	權利金收入	需要額外存入的金額
a.	$6,840	$3,000	$3,840
b.	$4,920	$3,000	$1,920

由於保證金需取兩者中較高者，因此初始保證金爲$6,840，必須另行存入$3,840才能進行交易。

下單

交易選擇權可以透過線上或非線上方式下單，視你在券商處所開的帳戶而定。

到www.optioneasy.com 網站，利用當中的策略指南(Strategy Help Guide)，可以幫助你透過電話快速、有效且正確地下單。下單時正確迅速講出你要的價位，不但可節省你和券商的時間，更能確保雙方的誤解。

在電話下單前，先用筆把你的要價位正確記下，然後再告訴接單人員。記住，永遠都要事先準備，這樣接單人員在向你重述一次時，也會更便捷。

由於選擇權價位並非永遠一價到底，特別是在做價差(spread)交易時，因此最好以限價單(limit order)下單。這樣做可確保能用你想要的價格交易，否則即放棄交易。

下單類型

市價單(market order)

要求券商以市場目前的最佳價位代為買賣選擇權。

限價單

使用時機：

▸ 若標的股價跌至某一價位或以下即買進。

▸ 若標的股價漲至某一價位或以上即買出。

　　交易選擇權時建議您採用限價單，尤其是做價差交易和組合式交易時。理由是買賣價差可能會大幅變動且常常朝不利方向，因此最好限定你的要價。

停損賣單(stop loss/sell stop)

　　防禦時機：

▸ 若標的股價跌至某一價位或以下即賣出。

▸ 若股價漲起來，則可以提高停損價位。

停損買單(buy stop)

　　使用時機為：若標的股價達到或超過某一價位即買進。有點像你想買某個已跌至某一價位的股票時所下的限價單。當你預期股價會突破某壓力或自某支撐價位反彈，即可利用停損買單。

　　限價買進停損單是：只在股價介於某兩個價位間買進。

　　限價買進停損和賣出停損單則是：在股價介於某兩個價位間買進，若跌落另一價位時改為賣出。

限時交易單

開放委託單(good till cancelled, GTC)

　　開放委託單除非被下單人取消或交易成功，否則均有效。例

如，限價開放委託單代表授權給券商，在某一特定價位或以下才買進，不論現在還是以後，買進所有符合價位的賣盤，直至買到希望的數量為止。

下這種單要特別小心，因為通常場內交易員不會將此單列為他們的首要交易對象。

限當日有效單(day only)

此單為若當日未成交即失效。下這種單會鼓勵場內交易員努力成交，因為他們若不能想辦法成交即拿不到佣金。所以這種單多被列為他們首要交易的對象。

限當週有效單(week only)

若當週未成交此單即失效。

立即成交否則取消單(fill or kill)

此為最具優先性的單。若不能立即成交便宣告失效，這種單絕對會引起場內交易員的關注，若是限價，下單時一定要切中市況。

全部成交否則取消單(all or none)

除非整筆單都成交否則不得成交。這並不是理想的下單方式，因為許多交易並不能立刻成交，而且市場上買賣方眾多，他們希望

的交易數量不見得正好符合你的期望。因此,若你急於成交,盡量不要下這種單。

不論是獲利還是虧損,
你都必須要清楚何時出場

有的人不喜歡下停損或停利單。無論如何,心中要具備這樣的觀念,一旦達到目標,就該斷然執行。每當你想獲利盤整時也是一樣。你可以在心中預設交易點,這樣造市者(market maker)就看不出你的盤算,也無法利用你來操縱價格。把你心中的了結點寫下來,確實執行,不管結果多令你痛苦!

該在何處交易出場全由你個人決定,就一般而言,如果是股票,可以設得緊一點,上下相差約10%。如果是單純的買權或賣權,則可以設寬一點。筆者的建議是,選擇權交易時,根據股價來設定你的交易出場點,而不要根據選擇權價格。如果你操作的是組合式選擇權價差,有多個交易部位,或是當沖客,則不建議如此。

鋸齒走勢

所謂的鋸齒走勢(whipsaw)是指價格以極快速度連續地改變二次或以上的方向,就當沖的說法可能是連續幾檔報價上下震盪。

雖然建議用停損單限制損失,但各位還是要注意鋸齒走勢的危

險，及如何避免自己被「洗掉」(stopped out)，也就是損失自己原有的獲利部位。假定你以$51買進股票，將停損嚴格設在$50，5分鐘內的幾檔震盪可能就會跌出你的停損點，然後再反彈上來，此時你已經在$50以下被洗掉了，就算後來反彈至$55也跟你無關。這種情況最容易發生在股票或選擇權的當沖客身上，除非你經驗老道，且擁有最快速的連線設備能在幾秒內立即交易，否則不建議各位做當沖交易。如果想做當沖客，首要的前提就是手腳要快，用不著別人告訴你怎麼做！

交易祕訣

在你的交易過程中，有幾件最重要的事一定要清楚：

- 最大風險。
- 最大報酬。
- 損益平衡點。

我們網站上所提供的策略指南，是針對50種不同交易策略的關鍵報告。

交易祕訣

此外，在交易前你還必須知道：

- 你可以接受的最大損失及何時該認賠出場。
- 何時該獲利出場。

金錢管理需要遵守一些重要規範，在你從事交易前，都該先在心中設定好並且寫下來。金錢管理的技巧隱含眾多參數，很多都是根據你個人的偏好與對風險的態度評估。記住：能夠把損失降至最低或入袋為安永遠都是一件好事。

槓桿和舉債操作

槓桿(leverage)和舉債(gearing)這兩個字在金融界相當普遍。就公司的財務結構來說，它代表債務占資產的比例。舉債程度愈高，股權報酬率將可能愈高，風險也同樣會增大，因為如果營業額不能大過固定成本加變動成本，公司的債權人就可能被要求償還貸款而導致破產。

而在選擇權的世界，這兩個字的意義近似但不盡相同。選擇權具有高度槓桿作用，因為標的資產價格只要少許變動，對應選擇權的價格即可能有大幅變化。

選擇權的槓桿作用實例

範例2.5 選擇權的槓桿作用

假設甲公司的股價為$20。你決定買入其股票選擇權，履約價$25。付出的權利金為$1。

記住：選擇權的價值分成兩大部分：

▶ **時間價值。**

▶ **內含價值。**

本例中，甲公司股價還未漲至$25以前，並無任何內含價值，因為它還在價外，即未達履約價格。

所以就算漲至$25，內含價值仍是0，除非超過$25。

假設此例的時間價值不變，**若此時股價漲至$30，內含價值應為多少**？答案是：**$30─$25＝$5**，也就是此選擇權的價值至少$5。

結論：

甲公司股價由$20漲至$30，漲幅50%。

選擇權價值由$1漲至$5，漲幅400%。

這就是**槓桿作用**！

不過，槓桿作用也呈現在虧損的一面，這也就是為什麼會建議各位做某些類型操作，最好逆向操作以保護自己。

倘若甲公司股價由$30跌至$20，跌幅33%。

選擇權價值由$5跌至$1，跌幅80%，遠高於股價的33%，這就是我們希望避開的部分。

Delta值簡介

在範例2.5所見到的，就是所謂的Delta現象。Delta值的計算方式為以選擇權的價格變動除以標的資產的價格變動。

$$Delta = \frac{選擇權的價格變動}{標的資產的價格變動}$$

如例子中所見，當選擇權處於價內時，Delta值愈高，代表選擇權價格變動幅度比標的資產價格變動來得更大。不過如果買進的是價外選擇權，就不見得如此。原因是此時選擇權價格變動幅度比標的資產價格變動來得小時，獲利的機會較小，另外，至到期時能夠回到價內的機會也相對較小。

在後續討論到基本策略的時候，將會解析如何利用組合或價差交易降低你受Delta值影響的程度。這類價差交易可以讓Delta值趨近於零，一方面讓你保住高獲利性，另一方面還能減少價格不利變動的風險。這就叫做**Delta中性交易**(Delta Neutral Trading)。

話說回來，了解Delta中性交易不代表就完全沒有風險。有些人會把Delta中性交易當做萬能，但事實並非如此。只是它在某些情況和運用特殊交易策略時，確實能大幅降低你的風險，不過主要還是專業人士在使用。

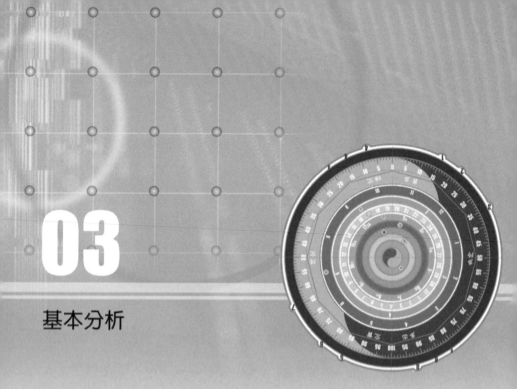

03

基本分析

在進一步研究選擇權策略前,先探討一些基本分析和技術分析的觀念,這樣才能在運用策略前先找出適合的標的。

基本分析針對個別公司在下列項目上的表現做研究:

▶ 營收。

▶ 獲利。

▶ 資產。

▶ 負債。

一般的財務比率都不離這四個項目的範疇。爲什麼要了解基本分析?因爲一家公司的股價,即是市場對其評價的最終反映形式。如果公司營收和獲利年年都成長,負債又保持低水準,只要你預期它的成長性能持續下去,就是一個很理想的投資標的。

股價主要是反映對未來的預期,而預期會受到眼前市場氣氛的推動,至於影響氣氛的則是相關消息和過往歷史。若是公司層面的消息,談的是一家公司的表現和未來計畫。範圍再廣的則是關於一國或國際經濟的消息。

圖 3.1 影響股價的基本力量

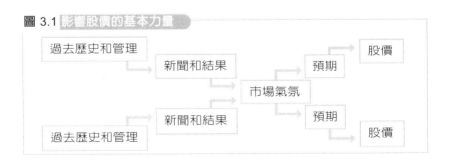

過去歷史和管理

該了解的問題包括從這家公司是做什麼的？過去的表現和管理層的經營紀錄如何？公司是否為有前景的行業，其產品和服務在可預見的未來會有市場需求？現任管理層是否曾替這家或別家公司持續增加盈餘和股東價值？

很多投資人投資一家公司，都是根據他們對管理層品質和過往紀錄來下決定。以微軟為例，其盈餘至2001年初一直無懈可擊，每季都超出預期並持續成長，2000年以前的股價也是如此。

新聞和結果

新聞涵蓋的範圍包括全世界、廣域經濟、股票所在的行業和公司本身。

像油價大漲可能造成重大衝擊的這類新聞，便會影響市場和股價，其效應可能導致運輸成本上升，生產價格、通貨膨脹和利率都走高，並拉高公司的成本基礎，對許多公司造成不利影響，從而打擊他們的利潤率和整體獲利能力。**通貨膨脹和為打擊通膨而拉高利率，是許多股票共同要面對的問題。**當市場彌漫對通膨升高的憂慮時，市況通常會變得更難以掌握震盪且很可能下跌。

微軟近來的新聞一直圍繞在反托拉斯(anti-trust)官司上面打轉，被許多公司指控享有不公平的市場獨占。不論內容如何，每次只要有這樣的消息一出來，基於對結果的預期，會影響到微軟的股價和它的成交量。現在很多投資人已經不擔心微軟可能被分割的問題，因為他們認為那已經反映在股價上。

盈餘顯示的是一家公司的財務表現，在美國是逐季公布，而英國則是每半年公布，讀者最需要注意的數字就是那些和盈餘有關的重點及每股盈餘。

市場氣氛和預期

市場真的是由情緒所帶動嗎？當然，貪念和害怕確實會對任何市場的股價造成不小影響。一個剛成立且沒賺錢的公司，怎麼可能會有數十億美元的市值？除非它握有能改變世界的科技，具備強有力的行銷和成長策略，才能令投資人根據對未來營收的高預期而純粹買進。

無論如何，市場氣氛不見得有邏輯可言。有時候我們很難理解，像可口可樂或麥當勞這種長期以來表現得算是穩定的公司，股價還是會重挫；反觀那些一毛錢都還沒賺到的公司卻被捧上天。推動對公司未來表現的預期，正是市場氣氛。而從我們的日常生活可以得知，氣氛隨時在瞬間就可能轉變。

　　造成預期的原因有很多，可能是公司的表現，也可能是分析師對股價的建議。不過，沒有人永遠是對的，所以，看到分析師的建議時請小心，想了解他們的公司，多半是希望能和他們建議的公司做生意。這也是為什麼我們很少看到建議賣出某股票，即便那家公司差勁得可以！分析師不想給股票公司太難看的評等，以免未來有生意可做！

　　再來談談微軟。微軟股價在2000年突然下跌，有三個主要原因：

　　第一，整個市場（特別是科技業）出現大幅向下修正。

　　第二，反托拉斯官司的不確定性持續，不確定性對市場來說永遠不是好事。

　　第三，市場愈來愈不看好微軟能保持過去的高成長，有鑑於電腦製造商的銷售成長放緩，靠電腦視窗作業軟體為主要收入來源的微軟，勢必會受到影響。

　　說得簡單一點，這三項因素讓投資人的興趣降溫，減低對微軟表現的預期，連帶拉低它的股價。但請注意：市場並不會因此懷疑微軟的管理階層，畢竟他們具有經營全球最大軟體公司的能力。

OptionEasy 選擇權易利通
台灣交易實務與策略大全

　　到這兒希望各位已開始了解，如何解析一連串的消息事件，自問這事情發生後會有哪些人、事或產業受到影響。常識對決定你在市場上成功與否占有相當份量，它能夠帶你超越貪念和害怕，迫使你做出明智決定，像是：不要把雞蛋放在同一個籃子裡，問自己一些深入的問題，避開可能讓你承受無限風險的選擇權策略，選擇風險有限同時又能降低損益平衡點和增加最大可能獲利的操作策略。

　　因此，千萬不要輕易相信所謂大師的建議。那些名師總是在壓力下給出建議，因為他們知道如果建議失誤（哪怕只是暫時失誤），便不會再得到跟隨者的信任。沒有人永遠是對的，重點在於你如何管理自己的戰果，而不是你挑選的標的。

廣域經濟

　　想投資成功就要看各位是否能隨時注意一些在你身邊的經濟事務。這麼做花不了多少時間，只要多注意新聞，就足以讓你具備充份的背景，然後把一些個別事件串連起來。

　　下面以美國為例來介紹，對每個國家來說，這些方向應該都大同小異。

統計項目	意義和重要性	注意重點
國內生產毛額 (GDP)	經濟活動的最廣衡量，不論事業所有人在國內或國外，所有在國境內之產品和服務產出的經濟表現都包含在內。這也是為什麼一旦有外國公司在國內設廠會被視為好消息的理由，就業增加即是顯著的效果之一。GDP為正值代表經濟成長，若為負值代表萎縮。	對一個成熟的經濟體來說，GDP每年成長1%至5%為合理範圍。若為負值，意味經濟正在萎縮，國家財富縮水。連續兩季GDP負成長即是所謂的不景氣。
國民生產毛額 (GNP)	受注目程度不若GDP。GNP包括國內企業在海外生產的商品和服務。因此GNP要在GDP以外再加進海外的淨財產所得。	同GDP，其實使用GDP已足夠。
通貨膨脹	通貨膨脹為衡量一經濟體內的物價變化，或者是每單位貨幣購買力的改變。如果年通貨膨脹率為10%，代表今天的1塊錢1年後能買到的東西比現在少10%，也就是說如果1年後要買到相同東西需要多花1塊錢。通貨膨脹被視為不利經濟，對一國貨幣有負面影響。假設所有其他因素不變，高通膨率的經濟體貨幣將貶值。邏輯上來說，如果到一個物價持續上升的高通膨國家，並不想用該	通貨膨脹在1960年代的美國變成經濟的一個主要的議題，每年0.5%至4%的通膨率被視為合理範圍。過去5年，我們已享受3%在歷史上的低檔。因此要注意通膨能否不致大幅攀升、維持在穩定的趨勢。

統計項目	意義和重要性	注意重點
(接上頁)	國的貨幣買東西，久而久之會使該貨幣需求降低而貶值。值得注意的是，政府和中央銀行多會藉操控利率和貨幣供給影響通貨膨脹。	
利率	由一國的中央銀行或政府訂定，相當於央行的融資利率。在一個「貨幣經濟體」中，利率是經濟掌舵者用來控制和保持低通貨膨脹的工具。高利率代表公司或個人借貸成本高，特別是對房屋貸款者而言。同時也代表貸款者可用於消費的金錢減少，降低對商品和服務的需求，進而導致供給過剩，價格下跌，然後促成通膨率回跌的現象。政府的任務是要維持通貨膨脹和利率穩定，並讓經濟穩定成長。	注意利率是否處於低檔或下滑中。美國和英國在過去30年間，利率均介於4%至7%，這5年間亦處於低水準。
失業	過去幾年，美國的失業率已降至1980年代前的水準。在那之前，美國和英國正邁向成熟經濟體、經歷大規模的結構性改革、由製造與勞力密集產業轉向服務業。對已開發國家來說，這是一段既長又苦的過程，因為科技逐漸取	注意失業率是否處於低檔或下滑。3%至8%的失業率為合理範圍，不過近來有回升至前次見於1970年代初期至中期水準的情況。

統計項目	意義和重要性	注意重點
（接上頁）	代舊有製程，導致大量勞工被取代。在1980年，代工被保守政府箝制，以致失業率飆升，後因為服務業和科技業吸納多餘的就業人口才得以穩定下來。	
值得關注的經濟事件	◆ 美國聯邦公開市場委員會(FOMC)會議。 ◆ 市場主要領導公司如微軟、IBM、英特爾(Intel)的盈餘表現，有助改變市場其他公司的體質。 ◆ 美國每月第一個星期五的就業數字。 ◆ 生產者物價指數(PPI)／消費者物價指數(CPI)／經濟領先指標(LEI)。 ◆ 會議中決定利率和貨幣政策。 ◆ 顯示經濟大致體質和主要公司個別表現。 ◆ 利率是否走跌。 ◆ 獲利是否上升，公司管理層是否提出自信的預估。	

值得關注的經濟指標（以美國為例）

消費者物價指數

消費者物價指數(Customer Price Index, CPI)是最廣泛被使用的通貨膨脹指標，其所衡量的是消費者購買的商品和服務價格，被視為是美國經濟通貨膨脹率的最佳指標。美國在每月13日東岸時間上午8

點30分會公布前月的消費者物價指數。

可參閱網址：stats.bls.gov/news.release/cpi.toc.htm 。

就業報告

就業報告(Employment Report)包括6萬個家庭和37.5萬個企業的兩項獨立調查，並由此計算出失業率。在每月第一個星期五美國東岸時間上午8點30分公布前月的就業報告。

可參閱網址：stats.bls.gov/news.release/empsit.toc.htm。

國內生產毛額

項目包括消費、投資、淨出口、政府採購和存貨。在每季第一月的第三或第四週美國東岸時間上午8點30分公布前月的GDP初值，當季第二個月或第三個月再公布修正後數字。

可參閱網址：bea.doc.gov/dn1.htm。

新屋開工率和建照核發數

新屋開工率(Housing Starts)為衡量每月展開的住宅開工數。開工的定義為開始打造地基，主要為允許住宅建築開工的建照核發(Building Permits)，惟並非全美各地區都需先取得建照核發，因此新屋開工數較實用。由於曾受到一些嚴重天然災害影響，新屋開工數字在過去具相當大的波動性。在每月16日美國東岸時間上午8點30分

公布前月的新屋開工數字。

可參閱網址：www.census.gov/ftp/pub/indicator/www/housing.html。

全國採購經理人協會(NAPM)

全國採購經理人協會（現改為供應管理協會(ISM)）報告是對全美採購經理人的調查，計算出包含新訂單、生產、就業、存貨、交貨時間、價格、出進口訂單的加權平均數字。此一數字雖僅涵蓋製造業，但多被視為其他經濟數據的先行指標。在每月第一個上班日美國東岸時間上午10點公布前月全國採購經理人協會報告。

可參閱網址：www.napm.org/public/rob/lastrob1.html。

生產者物價指數(PPI)

生產者物價指數是通貨膨脹的另一種代表，所衡量的是商品販售價格。在每月11日美國東岸時間上午10點左右公布前月生產者物價指數。

可參閱網址：stats.bls.gov/news.release/ppi.toc.htm。

零售銷售

衡量零售商店的總收入，多顯示與前月的變動幅度，可看出消費者需求的變化。不過由於服務消費，如：汽車、食品和汽油，已超過美國總體消費一半以上，因此該項支出多不被計入。在零售銷

售數字公布兩週後，一般會再公布個人消費數字。在每月13日美國東岸時間上午8點30分左右公布前月零售銷售數字。

可參閱網址：www.census.gov/svsd/www/advtable/html。

經濟月曆

每月公布經濟數據一覽表

週日	週一	週二	週三	週四	週五	週六
1	2 全國採購經理人協會報告	3	4	5	6 就業率	7
8	9	10	11 零售銷售	12	13 消費者物價指數	14
15	16 新屋開工率／建照核發數	17	18	19	20 股票、指數和公債／利率等選擇權停止交易	21 股票、指數和公債／利率等選擇權履約日
22	23	24 消費者信心指數／聯邦公開市場委員會議紀錄公布	25	26 聯邦公開市場委員會議紀錄公布	27 新屋銷售 國內生產毛額	28
29	30 就業成本指數	31 採購經理人指數				

＊ 股票長期選擇權(LEAPs)到期月為1月；指數長期選擇權到期月為12月或1月；利率長期選擇權到期月為12月。

想要了解完整的經濟月曆，請上網查詢：biz.yahoo.com/c/e.html。

即將到期的股票、指數和公債／利率選擇權均會在每月的第一個星期五停止交易，隔日正式到期。

每個選擇權都有其代碼，並顯示其標的資產、履約價和到期日。

	1月	2月	3月	4月	5月	6月	7月	8月	9月	10月	11月	12月
買權	A	B	C	D	E	F	G	H	I	J	K	L
賣權	M	N	O	P	Q	R	S	T	U	V	W	X

期貨合約原則上是在每季第三週結算，一季是以3個月爲期，一個年度從1月1日開始。到期季度代號如下：

3月	6月	9月	12月
H	M	U	Z

債券

政府公債和公司債是所謂的「固定收益」證券，因爲它們每年都能根據其所附的「息票」(coupon)發放收益，不論持有人是誰，每年發放的金額都相同，也就是發行者的義務利息支付。

公司會因爲需要資金發行公司債籌資。通常公司債的利率高於政府公債，因爲畢竟他們倒債的風險要比政府高。不論是公債還是公司債，都可以在公開市場交易。讀者可以在CNBC或Bloomberg電視頻道上看到債市報價資訊。通常30年期的政府公債利率被當做

事業執行成本」的指標。

債券基本觀念

▸ 債券是一種債務工具，發行人（借款人）按發行額支付固定利息（利率載於息票）。

▸ 債券是以「面額」(par value)發行。所謂平價是指購買人於債券到期時（即清償日），可自發行人處拿回的金額。

▸ 息票利率是債券購買人每年可獲得的利率，為面額的某一特定百分比。例如，發行總額1億美元的債券，息票利率8%，則債券持有人每年共可獲得800萬美元的利息。

▸ 債券發行人於到期時，負有買回（清償）的義務。如上例，須支付1億美元。

▸ 債券發行人的規模愈大且愈穩當，愈可享有較低的息票利率。例如，奇異公司(GE)因為享有AAA的債信等級，倒債風險低，因此發行債券的息票利率也比其他公司低。

債券市場

債券可於市場上交易，我們應該了解債券與股票市場之間的關係。

▸ 如果有1億美元債券以面額發行，假設每張面額為$100，則表示有100萬張該債券可在市場交易。

▶ 已知該債券的息票利率為8%，如果我們只買一張，代表每年可獲得$8的利息收入。

▶ 債券的交易價格在市場上亦有漲跌。雖然面額固定為$100，但行情好時價格可能高於$100，反之可能低於$100。不論交易價格為何，每年支付的利息皆固定為$8。這個意思是說，當債券價格在市場中上下起伏，它的殖利率（yield，持有至到期的收益率）亦會變動。茲列示如下：

	弱勢市場	強勢市場
以面額發行債券	$100	
息票利率（每年）	8%	
利息支付額（每年）	$8	
市場交易價	$90	$110
殖利率	8.9%	7.3%

由此可看出，當債券價格下跌（如上例的弱勢市場），殖利率上升；債券價格上漲（如上例的強勢市場），殖利率下跌。記住：每年仍固定支付$8利息，會改變的是市場對此面額$100債券的交易價格。若某人以$90買進該債券，獲得$8的利息，殖利率自然升高；反之若支付的是$110，殖利率下降。

市場通則

▸ 當債市為強勢市場，債券價格上漲，殖利率下降，股市亦較強。

▸ 當債市為弱勢市場，債券價格下跌，殖利率上升，股市亦較弱。

▸ 當債券殖利率在6.75%以上，股市表現相對較弱，因債券報酬顯得較高。

▸ 當債券殖利率低於3.5%以上，股市表現相對較強，因債券報酬顯得較低。

以上只是一般性的大略原則，並非任何時候皆是如此。

供給和需求

在經濟學上，每價件最終都會牽涉到供給和需求。許多經濟指標的用處，便是讓我們可輕易評估經濟環境內的供需情況。當各位在看某一項經濟指標時，應該要想到會對供需產生何種影響。

例如，失業率上升，對經濟有什麼影響？可以想見就業的人減少、公司削減人力，失業的人可用於支出的錢可能變少。還有上班族或許對工作的安全感下降，因此傾向多儲蓄少花錢，結果可能導致休閒和消費性商品（如家具）的需求下降，也意味屬於消費商品、休閒業、零售業的公司營收和獲利都將減少。那麼這些行業的

股票會發生什麼情況？可想而知，多半會傾向下跌，因為有更多的人會預期這類公司未來表現不佳而加入賣股的行列。

供需基本原則

▸ **當需求超過供給，價格上漲。**這可能是因為需求驟升或是供給受限、陷入瓶頸。例如，如果柳丁收成不好，即便需求持平，柳丁價格還是會上漲，因為供需平衡點已經改變。

▸ **當需求相對於供給下降，價格下跌。**百貨公司換季時，通常會「存貨出清」，以便接下來展示較新的式樣。這就是舊式商品需求下降，零售商便宜求售，消費者有便宜可撿的典型例子。

▸ **當供需關係穩定，價格或多或少亦會趨於穩定。**這也是為什麼直到2000年底前的經濟繁榮期間，美國經濟並未出現通貨膨脹大增的原因。由於供給和龐大需求亦步亦趨，例如，處理器晶片和主要的電腦零件需求。聯邦儲備理事會(Federal Reserve)主席葛林斯潘(Alan Greenspan)在2000年的多次演說中一再指出這個現象，雖然當時很多人對他所主張強硬的利率立場感到不安，但結果顯示葛林斯潘洞察美國經濟中的基本供需法則的確眼光睿智。現在恐怕沒多少人記得，在1980年代晚期，由於貨幣政策寬鬆（特別是英國）導致需求和通膨激增，以致在1990年代初期陷入不景氣。

屬於那斯達克第二級(Nasdaq Level II)的交易員在交易的時候，從螢幕上就可以看出市場的供需狀況。如果你能獲得這樣的訊息，當然會對交易有所幫助。因為它能顯示的不僅只有各種價格水準有多少買方和賣方，而且還可以知道那些人到底是誰！能取得那斯達克第二級交易員的資格不容易，但如果你把交易當做一個嚴肅的事業，絕對值得你投入。

對於一些所謂的市場「定律」，讀者可不要照單全收。當中有很多弔詭的地方，甚至是謬誤，但卻有不少人盲從。其中之一像是：很多人相信房地產市場在高通膨時代會有不錯的表現，是規避通膨風險的資金好去處。其實並不然，若深入研究，會發現這是一個很危險的觀念，但很多人卻深信不疑。這不是本書的主旨，不過在1980年代和1990年代初期的高通膨時期，確實是房地產價格崩跌，但英美股市跌幅卻相對較輕。筆者並不認為房地產會是好的避險管道，當然其中有很多因素，但重點是要各位知道，一些金融市場上眾人稱是的觀念，並非全部正確，很多其實有誤導性，相當危險。

避免妄下預測，順勢而為

很多人都會期待自己的預測實現，但不見得每次都準，各位別跌入這樣的陷阱。多花時間注意市場發生的事，注意反映情勢可能會有的變動指標，但勿妄下預測。投資大師華倫‧巴菲特(Warren

Buffet)曾說：「預測只會讓你知道預測者準還是不準，但跟未來一點關係也沒有！」

如果說2000年那一年能讓你預測一件事，就應該是根本沒有「新經濟」這個東西。如果你還相信所謂的「新經濟」，相信那些評價一家公司的「新方法」，建議各位去看《異常大眾妄想與群體瘋狂》(*Extraordinary Popular Delusions and the Madness of Crowds*/Mackay, 1980)這本書，各位就會了解，**人類不是現在才對新經濟狂熱，從前就有很多次的新經濟，未來也還會有新經濟**。可是到頭來，公司價值還是要回歸他們的長期財務表現。當然，短期間會有一些震盪和很不錯的機會，像是2000年初的那段時間，筆者也搭過幾次順風車。但最後市場覺醒了，結果那些戴著面具的公司股價表現重挫再重挫，有些到最後每股從曾經100多美元只剩下幾分錢。

市場絕對會受到總體經濟事件所影響，例如，油價就是影響通膨的主要指標，以及引發短期瘋狂買進或賣出的政府公告。注意新聞消息和他們對短期震盪的衝擊，市場普遍都會有暫時性的失序，而投資人要做的是將影響導正和堅守原則。股市傳奇人物也是華倫‧巴菲特奉為靈感來源的班傑明‧葛拉漢(Benjamin Graham)，在他所著的《智慧型股票投資人》(*The Intelligent Investor*, 1973)一書第4章中寫道：「市場先生(Mr. Market)是你的事業夥伴，他給你價格，然後他自己來買賣你的股票。市場先生是一個有『瘋狂抑鬱症』的人，情緒常常大起大落，可能幾秒的時間就改變他對價格的心

意。重點是他並不影響股票蘊含的價值，如果你是長期投資人，也不該影響你的判斷。短線者不在乎內含價值，而比較在意技術分析。」那沒有什麼不對，各位終究要決定哪一種投資模式最適合你自己。

市場方向

就算各位到目前為止還很難掌握到投資重點，但以下這點一定得知道。**各位一定要懂得找出市場主流趨勢（如果有的話），但千萬不要妄加預測。**預期和找趨勢有別於做預測。現在市面上有一些有用的工具書和軟體，可以幫助投資人找出主流趨勢。下一章將討論技術分析，有助各位尋找走勢圖型態和指標，幫助你決定市場趨勢和動向。一個簡單原則是：在市場上漲時，買進最安全的股票和採用長期看多的選擇權策略；市場下跌時，賣出最差的股票，也就是那些現在和未來看起來都不賺錢的公司。何必和趨勢做對？這麼做一點也不合理，所以千萬別這麼做。按照基本面來，這樣你晚上才會睡得更好，不用為預測而煩心。

了解企業的基本數字

投資一家公司，我們所投資的是它能夠生產更多產品、賺更多錢、持續成長，並替股票增加價值的潛力。

所謂的一股代表對公司一個單位所有權。公司所有流通在外的股份數，乘上每股價值（股價），即可得出該公司的約略價值，亦即市值(market capitalization)。

公司賺的錢愈多、獲利成長愈快及預測可繼續成長，就長期來說，公司的價值會愈高。歷史告訴我們，營收和盈餘持續成長會讓股價走升；反之，則會走跌。

每股盈餘(EPS)成長是推升股價的動力

市場上認定一家公司好不好就是看這一點。不但看盈餘（獲利），還要看每季和每年的成長率。如果你想找體質最佳的公司，大可從盈餘著手。不過在此有一點要提醒各位：**確定整體盈餘成長反映在每股盈餘上，畢竟你是在買賣股票，不是在買賣整家公司。**此處的重點是，公司股權結構可能因為合併、併購或發放股利而改變，如此股份數可能會被稀釋，也就是流通的股份數變多。因此要是獲利也跟著增加，每股獲利才不致有太大變動。

記住：你有的只是股票，每一股代表的是一單位公司所有權。如果整體股份數突然增多，而整體盈餘或價值不變，那麼你手上股

份數可分配的盈餘比例自然會下降。

範例3.1 股權稀釋效應（以增資股為例）

甲公司有1,000萬股在外流通的股份，每股價格$50。去年獲利$2,500萬美元。你以每股$50買進1,000股。

▶ 甲公司的市值為$5億($50×10,000,000)。

▶ 你的持股現值為$5萬($50×1,000)。

▶ 你所持有的股權比例為0.01%(1,000÷10,000,000)。

▶ 每股盈餘為$2.5($25,000,000÷10,000,000)。

▶ 股價／盈餘比（本益比，PE ratio）是以股價除以每股盈餘。

▶ 因此本例之本益比為$50÷$2.5＝20。

本益比代表公司為使每股每年獲利達到目前股價水準所需要的年數（每年獲利保持相同），比值愈高代表投資人給予的評價愈高。

甲公司想要買下較小的乙公司，為此甲公司需要籌資$1億。甲公司打算以每股$40折價發行250萬股（增資股通常多以低於現價發行，不過為方便說明，在此將數字簡化和使用稍微誇大的數字）。

發行增資股後，甲公司現有1,250萬股流通在外股份，你的手上還是1,000股（假設未參與增資）。新合併的公司獲利為$3,000萬。假設本益比還是20倍，代表甲公司現在的市值為$6億($30,000,000×20＝$60,000,000)。

▶ 現在股價應為$48($600,000,000÷12,500,000)。

- 你的持股現值爲$48,000($48×1,000)。比你當初買進的每股$50少了4%。

- 你所持有的股權比例爲0.008%(1,000÷12,500,000)，比原來減少25%。

這看起來根本不是好消息！不但你的股權比例被稀釋，股票價值也是，即便公司的整體價值增加。再看看每股盈餘：

合併後每股盈餘是用$3,000萬除以總共的新股數（1,250萬股）。

每股盈餘爲：$30,000,000÷12,500,000＝$2.4

這個數字低於當初你買進時的每股盈餘$2.5。所以雖然公司合併後的整體獲利提高，但實際上股東價值卻降低，因爲股東價值被稀釋的程度超過增加的$500萬獲利，導致每股盈餘減少。

事實上，在向股東增資時有兩種情況：以上例來說爲以折價的每股$40買進新股，或者改拿現金。

如果是第一種情況，你原本擁有公司0.01%的股權，因此你可以認購增資股的0.01%，也就是：

0.01%×2,500,000＝250

用每股$40買250股，意即你在原始投資的$5萬以外，要再投入$1萬。因此你的每股平均成本爲：

60,000÷1,250＝48

這和公司合併後的每股$48是一樣的，所以你不賺不賠，只是每股盈餘變少。

如果你不行使認購權而改拿現金（當新股發行日的股價高於認購價），你就會收到現金支票。金額的計算方式為：

（發行日股價－發行價）×（紀錄日時的持有股數）

所以要是發行日的股價低於認購價，就拿不到任何現金，但還是會遭受到前述稀釋效果。

假設現在市況不穩，在新股發行日當天的股價跌至$42，則你可獲得的現金為：

▸ 以除權價格計算：

此為1：4除權（原有1,000萬股，增發250萬股）

〔（發行日股價 × 4股）＋（發行價 × 1股）〕÷5 ＝ 除權價

〔（$42×4）　 ＋ 　（$40×1）〕　÷5 ＝ $41.6

▸ 因此除權前的權值為：

$42 － $41.6 ＝ $ 0.4

▸ 不行使認購權而預期可拿到的現金：

$0.4 × 1,000（原始持有股數）＝ $400

所以如果你不行使認購權，而新股發行當日股價為$42，則你會收到一張$400的支票，但這還不及前述股價下跌情況的持股價值損失。上例只是一個極端情況，主要是凸顯每股盈餘和總體盈餘的變化差異。當一家公司打算籌資併購時，必須仔細評估能否增進股東價值。當評估一家公司的成長，別忘了還要看每股盈餘的成長。

重要金融名詞

名詞	定義及解釋	重要性
資產負債表 (balance sheet)	一家公司在某一時點的資產和負債。和損益表與現金流量表一同編製。	每季、每半年、每年公布的業績報告會告訴你公司資產和負債顯示的體質。從當中可看出是因為提高財務槓桿度（即增加舉債），公司獲利增加，或許舉債處於安全水準。
現金流量 (cash flow)	指在扣除折舊、攤銷和非現金成本前的盈餘。計算方式為：淨盈餘＋折舊－優先股股利。 現金流量是呈現公司體質的最終指標之一。	一家公司雖有獲利但無法創造足夠現金，還是有可能破產。一些新公司的現金流量常為負數，看看許多網路公司就知道了，當中很多公司根本沒有獲利，未來也不會有，更別提創造現金的能力。請記住：一家公司永遠需要現金來支付開銷。如果帳單付不出來，就只有破產。現金流量是極重要的數字，但和其他財務數字一樣，切勿只觀察這項，還必須配合其他數字一起觀察。例如，一家現金流量為負數的新公司，表面上看來可能體質極差，但或許深究後會

名詞	定義及解釋	重要性
（接上頁）		發現，其實它坐擁數百萬的現金。很多成立不久的網路公司，就是靠這樣撐到現在，但要是它們的事業模式不佳，倒閉也是遲早的事。
現金流量表 (cash flow statement)	顯示公司的現金部位。	請記得獲利能力和流動性是不同的。現金流量不只受到營收和支出的影響，還受公司營運、投資、財務操作的影響。
流動資產 (current assets)	指可在12個月內輕易轉換為現金的資產。流動資產包括現金、可交易證券、債權（應收帳款）和存貨。	流動資產是可反映公司當前體質的另一項數字。如果流動資產大於流動負債，即代表體質佳，因這意味公司有能力支付開銷。
流動負債 (current liabilities)	指得在12個月內支付的債款，包括短期債務（應付帳款）、短期負債、長期債務的本金和利息。	
遞延稅款 (deferred taxes)	遞延稅款為公司替未來（遞延）應繳稅款提列的金額。此種提列為必要乃因會計獲	

名詞	定義及解釋	重要性
（接上頁）	利和應稅獲利間具有時間差。時間差的例子之一像是前期承繼損失應被記為遞延稅負資產。	
折舊 (depreciation)	會計名詞，為以固定算法反映公司固定資產（如地產、電腦設備、工廠、機械）價值降低的非現金費用。	根據公司的會計政策，折舊純粹是一種會計現象，資產每年都需認列折舊。問題是折舊是獲利的減項，所以極度仰賴固定資產投資的公司可能因為高折舊成本而侵蝕獲利（房地產除外，因可按市值重估）。這就是為何觀察現金流量很重要。
每股盈餘 (earnings per share, EPS)	總盈餘÷流通在外普通股總數（已發行普通股本）。	如前所述，從股東觀點來看，每股盈餘較總盈餘更重要。
股利 (dividends)	公司在當年定期對普通股配發的現金。英國通常為一年兩次，美國為每季一次。	股利是公司獲利中未轉入投資的部分，可視為對普通股股東承受持股風險的回報。股東需按股利收入繳交所得稅。

名詞	定義及解釋	重要性
營運現金流量 (earnings before interest, taxes, depreciation and amortization, EBIDTA)	扣除利息、稅、折舊和攤銷前的盈餘。	營運現金流量的計算為將營收－銷售成本和營運費用，對有大量投資專案，折舊和攤銷對盈餘影響甚大的公司來說，是顯示其現金流量的有用指標。
自由現金流量 (free cash flow)	不需投入營運或轉投資的現金。計算方式為：現金流量－資本支出 (capex)。資本支出包括對新工廠和機械、地產和設備的投資。	自由現金流量可用以支付股利、償債或回購股票，有些時候還可用於併購。許多基金經理人對這一點則是略感不妥，寧可見到自由現金流量用於發放股利或回購股票。
存貨 (inventory，英式說法為 stocks)	公司的原料、半成品和成品價值。	存貨數字無法獨立來看，必須和過去的數字比較，以找出其中趨勢。高存貨可能表示銷貨速度不夠快；低存貨則可能表示銷售成長加速或生產出現困難。
損益表 (income statement)	每季、每半年或每年公布的盈餘或獲利紀錄。	此為分析師和投資人在評估一支股票的投資吸引力時最關注的盈餘報表。

名詞	定義及解釋	重要性
利息覆蓋率 (interest cover)	衡量公司支付債務利息能力的指標。計算方式為：扣除利息和稅金前淨盈餘÷長期負債的利息費用。	由於利息覆蓋率代表公司償付利息的能力，因此數字愈高愈好。公司若未能按期支付利息，可能導致債權人要求回收貸款和遭清算。
長期負債 (long-term liabilities)	預計在前次資產負債表編製日的12個月後才需支付的負債。	長期負債包括簡單的銀行貸款、抵押貸款或債券。
市值 (market capitalization)	在某一時點由市場決定的公司價值，隨股價而變動。	市值計算方式為股份數×股價。
少數股東權益 (minority interest)	子公司股東資金中不屬母公司的部分。通常在整合資產負債表中自成一項。	
淨盈餘 (net earnings, net profit)	公司的營收－折舊、稅和攤銷等費用。	「盈餘」主要是一項會計數字，因為在計算公式中包含多個非現金項目，這也是為何還要看營運現金流量的原因。
淨每股盈餘 (net EPS)	淨盈餘÷普通股總數。股份數經過調整以反映所有可能轉為股份的有價證券，因此股權會遭稀釋。	淨每股盈餘在計算上會膨脹股份數以反映公司股本價構，股權可能被稀釋，因此所有的員工股票選擇權、可

名詞	定義及解釋	重要性
（接上頁）		轉換貸款、可轉換債券等都被假設為全數轉換。
普通股 (ordinary shares/ common stock)	組成公司市值的股份。具有同等投票權，且為公司股權融資的主要來源。也就是在股票市場上所見到掛牌交易的股票。有些公司會對所有普通股發放股利。普通股份總數×股價即得出公司市值。	當公司清算時，普通股股東最後才能享有分配權。普通股的持有風險較高，但潛在報酬亦較大。
股票分割 (share spilt/ stock split)	公司為增加股票對投資者的流動性而決定增加股份數。股票分割後投資人手上股份數會增加，而股價亦會因此向下調整。理論上持股總價值不會改變，因為市場上一般視股票分割為正面訊息，因此往往在分割前股價會上漲。	股票分割為公司信心的展現，通常被視為給投資人的回報，在多頭市場中，常會見到自宣布分割日起至真正分割日這段期間股價會上漲。
特別股 (preference shares)	企業為籌措現金而發行的股份，比普通股享有一些優先權利，亦即在公司清算時可先於普通股獲得清償。	特別股可根據持有人或公司享有的選擇權贖回。發行公司在贖回前會支付固定報酬率，但由於風險程度較低，因此報酬率低於

名詞	定義及解釋	重要性
（接上頁）		普通股。特別股類似債券等債務工具，因此許多人認為應將之視為債務而非股權。
股價 (share price)	公司每一股在某一時點由市場決定的價格。	
淨資產 (net assets)	公司的總資產－總負債，亦稱為帳面價值。	此數字應為正數！股東權益代表股東對公司所有權的帳面價值。
股東權益 (shareholders' equity/sharehold-ers' funds)	用以平衡資產負債表的數字，代表公司普通股股東的帳面價值。	可用以計算負債比率，應與淨資產數字相同。
流通在外股數 (shares outstand-ing/issued share capital)	目前為股東持有的股份數。	公司的股份總數可能多於股東持有數（實發股本的一部分）。在計算財務比率時，只採用流通在外股數計算的公司市值。
營收 (revenue/turnover)	包括公司的所有淨銷售額和主要營運收入。	營收不包括公司收入的股利、應收利息或任何其他非營運收入。

名詞	定義及解釋	重要性
總資產 (total assets)	包括所有的短期（流動）資產（如現金、債權、即將可轉換債券）和固定資產（如地產、工廠和機械、投資）。	需要與前幾年度的資產與負債比較才有意義。
總負債 (total liabilities)	包括所有的短期（流動）負債（短期債務、透支）和長期負債與遞延稅負。	需要與前幾年度的資產與負債比較才有意義。
總報酬 (total return)	一段期間內的股價變化＋股利。	數值愈高愈好，應與市場整體報酬和自身過去表現相比。

重要財務數字和比率

　　如果你是以基本面為主的投資人，建議你使用Vector Vest或ValueLine等軟體，它們不但可以提供你所有的基本分析，還包括對每支股票基本面的自動篩選。以下是你在分析一家公司時會看到的一些重要數字和最適標準。

名稱	計算方式	重要性
beta值	beta值衡量的是一支股票的報酬相對於大盤（如標準普爾500指數(S&P 500)）的關係。基準值為1。1表示股價變動將與市場同向且同步。若beta值為1.2，表示股價變動為市場幅度的1.2倍，市場若漲10%，該股將漲12%（10%的1.2倍）。	如果你想抓住市場波動操作，beta值是很有用的指標。 若市場正在漲，就該挑選高正數beta值的優質股票。 若市場正在跌，就該放空高beta值的最差股票。 若你看準市場走向，beta值可增加你研究股票的用處。
流動比率 (current ratio)	$\dfrac{流動資產}{12月內到期債務}$	流動比率為衡量公司的流動性與支付即將到期債務的能力，當然愈高愈好。比率低於1代表公司用以償債的流動資金不足，要注意股票在這方面的安全空間。
股利收益率 (dividend yield)	$\dfrac{每股股利}{股價}$	許多美國股票多支付低股利或根本不發。在英國，許多投資人則純為股利而投資。注意公司股利政策的一貫性和股利是否隨時間穩定增加，股利呈現大幅變動的公司，意味可能管理有問題。
每股盈餘 (EPS)	$\dfrac{淨盈餘}{流通在外普通股總數}$	

名稱	計算方式	重要性
股利覆蓋率 (dividend cover)	$$\frac{每股盈餘}{每股淨股利}$$	此與利息覆蓋率近似。若你對股利有興趣，應找尋高股利覆蓋率的公司以確保股利發放能夠持續。股利收益率和股利覆蓋率常難以兼得。當股利覆蓋率高時（較能保障股利發放），股利收益率多會較低，因為此時公司的本益比可能較高（或說是股價較高），因此降低股利收益率。
預估每股盈餘成長率 (estimated EPS growth)	對特定期間內每股盈餘成長性平均的預估，來自對華爾街或英國金融區分析師們的預估調查。	要注意的是實際值與分析師預估值的差異，找尋那些能持續超越分析師預期的公司。
速動比率 (quick ratio/ liquid ratio)	$$\frac{流動資產－存貨}{12個月內到期債務}$$	速動比率是一項對公司流動性更精細的評量指標。每家公司的存貨評價方式可能不同，速動比率可讓比較變得較為簡單。
利息覆蓋率 (interest cover)	$$\frac{扣除利息和稅金前獲利}{應付利息}$$	顯示公司支付利息的能力。數字愈大代表公司愈安全。建議覆蓋率至少在3倍以上。

名稱	計算方式	重要性
財務槓桿 (financial gearing or leverage)	$$\frac{（付息貸款＋特別股）}{普通股股東權益}$$ 付息貸款包括所有長短期債務，如債券、應付票據、抵押貸款和租賃。普通股東權益指普通股股東提供的資金，顯示於資產負債表上，包含普通股股權、長期負債、遞延稅負和少數股東權益。財務槓桿顯示公司使用負債工具程度的高低。	財務槓桿對公司來說不容易拿捏。一般來說太高並不好，但實際上要視公司所在行業和事業類型而定。每個行業對財務槓桿的標準不同。注意那些財務槓桿比同業高出許多的公司，高槓桿一般代表高風險，因為一旦公司倒債，若債權人要求回收貸款則只有倒閉。
每股淨資產 (net assets per share/book value per share)	$$\frac{普通股股東權益}{流通在外普通股總數}$$	代表每股的帳面價值。若股價低於此數值，不是這家公司實在太糟，要不就是股價被低估。
股價／帳面價值比 (price/book value)	$$\frac{最近收盤股價}{每股帳面價值}$$	若股價低於每股帳面價值，即被稱為「淨資產價值折價」。可能代表股價被低估（清算價值高於市值），或公司真的狀況很差，以致評價和股價都很差。
預估本益比 (forward P/E)	$$\frac{股票最近收盤價}{最新的分析師預估每股盈餘}$$	根據對盈餘的預測。

名稱	計算方式	重要性
股利分配率 (payout ratio)	$\dfrac{\text{股利}}{\text{每股盈餘}}$	股利分配率是看出公司將獲利再投資程度的有用數值。高成長公司多傾向不發股利,因為它們要為未來成長不斷投資。成熟的大型公司多會發放股利,但也要確定他們之後再適度地投資。地產公司和美國房地產投資信託(Real Estate Investment Trust, REIT)發的股利多高於其他公司。房地產投資信託若不發放高額股利可能遭受懲罰性稅負措施。
股價/銷售比 (price/sales)	$\dfrac{\text{最近收盤股價}}{\text{每股營收}}$	有助於做有盈餘和無盈餘公司之間的比較。
股價/ 現金流量比 (price/cash flow)	$\dfrac{\text{最近收盤股價}}{\text{最近一年度每股現金流量}}$	所有構成現金流量的數字對投資人來說都很有用。要注意的是公司是否能持續創造現金。若突然發生改變,看看是否因為有重大投資或投資策略改變影響現金流量。

名稱	計算方式	重要性
本益成長比 (PEG ratio)	$\dfrac{\text{預估本益比}}{\text{預估每股盈餘成長率}}$	由碧兒絲登淑女投資俱樂部(Beardstown Ladies Investment Club)推薦，是很受歡迎指標。常被用來判別股票是否高估或低估。如果一家公司成長前景佳但本益成長比低於1，股價會被低估；本益成長比低於1，代表未來的本益比低於預估成長性。許多投資人在找哪些股票被低估或有高投資價值股票時，多會以本益成長低於1為標準。
股權報酬率 (return on equity, ROE)	$\dfrac{\text{最近一期的全年淨收入}}{\text{股東權益}}$	衡量公司資金運用的有效性。
股價／盈餘比，本益比 (price earnings ratio, P/E ratio)	$\dfrac{\text{股價}}{\text{每股盈餘}}$ 另一計算方式為： $\dfrac{\text{市值}}{\text{淨盈餘}}$	顯示市場對公司的評價，拿本益比乘上公司盈餘即可評估股票的市場價值。但和其他數值一樣，本益比也不應個別視之，要與過去的股價和同業的股價比較。低本益代表市場的評價低，可能意味公司的基本面弱或股價被低估。高本益比可能意味公司的基本面強或股價被高估。實際上分析師還會觀察其他數字。

名稱	計算方式	重要性
資產報酬率 (return on assets, ROA)或資本利用報酬率(return on capital employed, ROCE)	$$\frac{最近一期的全年淨收入}{總資產}$$	公司所有資產的報酬率。資產報酬率與股權報酬率不同之處在於並未扣除公司負債,可衡量公司資金運用的有效性。
5年期每股盈餘成長率(5-year EPS growth rate)	過去5年每股盈餘的年度成長率。	適合衡量一段期間內每股盈餘成長,考慮到管理階層增加股東價值的表現,也是對未來很好的指標。可連同5年期的銷售成長數字來看,以確保每股盈餘成長對營收增加有其貢獻,而非僅是管理層利用企業和會計手法及財務操作提高每股盈餘。這些手法或許完全合法又有用,但公司的長期表現,部分要根據其能否以高品質產品與服務讓銷售持續成長。用於增加股東價值的方法之一是回購自家股票,減少流通在外股票數後,每股盈餘可因此提高;另一個方法是降低費用和大幅裁員。這樣做能

名稱	計算方式	重要性
（接上頁）		增進效率，但必須注意的是，長期下來對增加營收有何幫助。
5年期銷售成長率 (5-year sales growth)	過去5年銷售或營收的年度成長率。	此數字顯示公司有強力產品與服務，使客戶的購買力增加，銷售成長可能因銷售量增加或價格上漲。要注意公司現存的市場和是否能擴張新市場，包括地理市場和產業市場。

基本面搜尋研究的判別準則

　　以下提供一些有用的例子，供各位參考如何根據上述這些來執行買賣股票（或選擇權）的篩選，同時可依自己的需求自行改變標準數字。

基於長期買進並持有

準則	數值	評語
5年期銷售成長	>= 20%	我們希望找到高銷售額、高盈餘成長，但是低風險的股票。在此用的是每股盈餘而非整體盈餘，目的是為確保任何股票稀釋效果都被納入考慮，且僅以股價值為主。
5年期每股盈餘成長	>= 20%	
預估每股盈餘成長	>= 20%	
債務占資本百分比	<= 33%	

藍籌股(Blue Chip Stocks)

準則	數值	評語
5年期每股盈餘成長 > = 10%		希望能找到兼具安全（低負債率）、過去成長堅實和未來前景看好的高市值股票。每年銷售額超過60億美元的標準，代表我們要找的是全球市場領導者。
預估每股盈餘成長 > = 12%		
過去12個月銷售收入 > = 60億美元		
市值 > = 100億美元		
債務占資本百分比 < = 50%		

成長股(Growth Stocks)

準則	數值	評語
5年期每股盈餘成長 > = 10%		投資這類股票風險較高，因此我們提高對未來成長性的篩選標準，並以5年為期。此處並不強調財務槓桿率或某一特別規模的公司，因此或可發現一些市場中的璞玉。
預估每股盈餘成長 > = 20%		

高股利股(High Dividend Stocks)

準則	數值	評語
股利收益率 > = 4.5%		在此找尋的是高股利發放公司。這可能表示我們找的是已成立相當時間的成熟公司，旗下有些事業幾乎不需投資便可創造大量收入，因此並未加入成長性為挑選標準。
股利支付率 < 70%		
負債占資本比率 < 50%		

記住：你也可以在這些篩選條件上加入Beta準則。

接下來尋找尚未被市場發覺的被低估價值的好股票。

準則	數值	備註
EPS成長	>= 15%	最近5年至7年為佳
銷售成長	>= 15%	最近5年至7年為佳
股東權益報酬率	>= 15%	最近5年
自由現今流量		近5年之季成長
股本		約當淨值
本益比	< 30%	
目前EPS		目前股價之10%

常識和警覺

幾個簡單的例子：

▸ 你曾注意過某一家零售商的貨車經常會在路上出現，可能意味很多人向這家公司訂購。

▸ 你曾注意過每個人家裡有什麼新產品？例如，數位時鐘或數位溫度計？那些商品是誰製造的？不妨看看產品的商標，找出製造商，再看看它們的股票或母公司股票有沒有上市。

▸ 你的小孩現在最喜歡的玩具是什麼？哪些最熱門？製造者是誰？誰擁有這些玩具的經銷權？

這種運用常識的手法其實也被一些投資大師像是華倫‧巴菲特

或知名基金經理人彼得‧林區(Peter Lynch)所愛用。現在你再也沒有藉口說不知該從何找起了吧！網路的出現讓我們每個人都可以變成搜尋專家。現在已經和5年前不同，只要在網路搜尋引擎輸入關鍵字，就會出現一大堆答案。常識是再簡單不過的東西，可以運用在你的交易，也可以用在選股上。如果你有一個可靠的指標告訴你市場正在跌，你會現在進場買股票嗎？就算是好股票，市場正在跌的時候進場，恐怕還是不太明智吧！正如伸手去抓一把下落的刀。請不要自以為聰明，還是等市場跌下來後再進場。切記：千萬不要妄想你可以預測出市場走勢，但你可以掌握主流趨勢和趨勢何時改變。許多軟體產品現在都能夠合理地正確預測出整體市場走向。

統計顯示，50%的股票走勢是與市場大盤同向，30%是與該產業類股同向。所以如果能找到一個工具告訴你整體市場走向，成功機率豈不大增？我們每個人都會有對的一天，不過，真正決定我們在市場中獲利多寡的是時機。有助於抓住時機的方式之一，就是使用可以讓我們看出市場整體趨勢的指標；而另一個方法則是研究價位圖的技術分析。

快速掃描

「投資」和「交易」是截然不同的概念。

基本面分析與「投資人」比較有關，因為它涉及發掘一家公司價值的長期性方法。所謂的「投資人」不會在意採用長期策略，因為當他們找到一檔價值被低估的股票，願意耐心等待該股的價格潛力展現；「交易客」就不是這麼回事。他們不管長期價值，基本面分析也不關他們的事。交易客利用的是短中期價格型態，對價波動的敏感度較大，因為他們的時間眼光較為短淺。筆者建議，「投資人」和「交易客」都應該運用一些基本的技術分析法，因為沒有比找到好理由投資卻錯失時機更令人難過的事！其實各位不需要技術分析大師在一旁指點顯而易見的跡象，只要照本書教給你的方法操作，你就可以一面當「投資人」，一面不時查看技術圖表，以確保沒有犯錯。

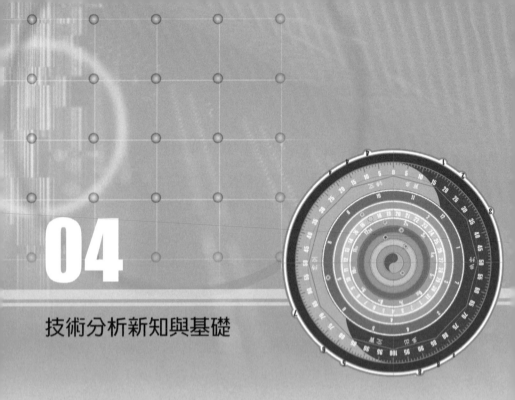

04

技術分析新知與基礎

　　筆者於2007年參加一場由期貨公會為因應台灣即將開放期貨投信設立而舉辦的一場國際避險基金與商品交易顧問（Commodity Trading Advisor, CTA）研討會。兩天會議裡，有兩位國外CTA提出了新的第三代避險基金操作理論，裡面內容與筆者最近這4年來所研究的計量模組方向不謀而合，在感動之餘，簡要概述其內容與讀者分享。

所謂第一代CTA，興起於約當雷根經濟擴張時期，消費暢旺，物價揚升，以基本面為投資導向的基金經理們只要是作多，尤其是在操作上只能作多或空手的共同基金有著極豐厚的報酬。筆者無意以「雞犬升天」一詞來形容，不過全球經濟的躍衝的確助了其績效一臂之力。直到1987年全球股市崩盤為止，第二代CTA於是繼而崛起。

第二代的CTA就是以簡易線性化的技術分析指標，追求趨勢形成大利潤的一群原始技術分析交易者，他們自稱為「趨勢追隨者」，代表人物有理察‧丹尼斯(Richard Dennis)與「海龜」組織 (Turtle Trader)。他們在市場走出一明確趨勢時，無論是多頭或空頭，其績效往往讓人激賞，絕大部分選擇投資標的物都是具有良好流通性與履約保證的期貨交易所商品，並往往利用所謂趨勢型技術分析指標來操作。其優點為可以抓到大波段的行情，缺點是當行情並非為一面倒，而是在波段行情過程呈鋸齒狀擺盪時，趨勢追隨者往往不是被沖刷出場，就是誤判形勢而被來回修理，由於此類的交易員所使用的技術分析指標目前正是台灣投資人耳熟能詳並視為聖杯的指標，諸如均線、MACD等，相信國內技術分析派投資人對於這些慘痛經驗應該十分熟悉，在國外趨勢追隨者知道自己指標工具上的嚴重缺陷，所以他們利用馬可維茲(Harry Markowitz)的投資組合理論概念，也就是利用分散標的物系統風險的全球多元投資組合(Global Diversify)的模式來降低資金風險，有少部分第二代CTA的確經由此

方式而獲得成功，但畢竟其失敗主因其實是在於其線性計量工具無法適用於非線性（非整數維度）的投資市場，能獲得成功其實是運氣成分居多。第二代CTA績效的起起伏伏，後續有極為少數的CTA發現了市場行為並非隨機，而且價格是具有長期記憶性的行為，於是後期有新的一群以數學物理為其分析元素，純粹以技術分析計量模組為操作依歸，而非靠基本面的第三代CTA之誕生。

第三代CTA領頭人物有文藝復興資產管理公司(Renaissance)創辦人——MIT數學教授吉姆·西蒙斯(Jim Simons)、AHL三位創辦人——麥可·亞當(Michael Adam)與馬丁·路克(Martin Lueck)（AHL中的A與L）創立了Aspect Fund、大衛·哈定博士(David Harding)（AHL中的H，後續創立Winton Fund）等。其主要參與市場皆為具有高度流通性的全球期貨交易所商品，他們相信市場的價格行為其實非如商學院學者所倡導的隨機行為；同時也相信市場是不具效率性的，而人類在投資市場的行為也全然的「不理性」，以這些簡明卻重要的領悟為出發點，利用數學與物理的專業實際運用在分析市場行為上。這對以商學院出身的基本面基金經理人而言，有如邪教謬論一般。不過，績效證明一切：第三代CTA在21世紀的時代，其全球避險基金績效全都名列前茅，長期複合平均年報酬高達15%至45%之間的驚人績效。這也證明了，有一群具有開放心胸的知識實踐者在金融市場中勇於追求真理，並以實際行動擊潰了舊有窠臼，並實現追求「絕對報酬」的理想。筆者透過本章闡述之多重時間架

構(Multiple Time Frame)概念,便是第三代CTA所運用的重要概念。

多重時間架構與Counter Trend這兩種理論,是目前全新的研究領域,在筆者近年所開發的交易模組回溯測試績效上(2年分時測試勝率65%以上),也確實找到了令人滿意的答案。

本章第一節與第二節藉由操作理念的溝通,帶領讀者進入多重時間架構的研究領域。第三節則透過台灣奧斯汀公司所發展之多國專利軟體「乾坤輪」作為2008年總統大選前台指期貨的實際範例,並就乾坤輪所顯示出之關鍵時間點與價位截取圖例解說。而第四節之後的基礎技術分析為本書作者柯恩(Guy Cohen)的精闢著作,若需基礎概念之讀者可參閱。

投機市場的自我省思

要成為出色的交易者,必須先培養好成功交易者的「心智結構」,無論是股票、期貨或其他衍生性金融商品,交易者正確的心態應該是:

1. 要把交易當成一項認真而嚴肅的事業來經營,金融市場無貴賤門檻之別,但同時也是一個最需要自省的嚴苛領域。在投機市場裡的交易勝負並不問出身、學歷或性別,只要能達到財力門檻都可以進場較量。但若是超出能力範圍下的投機,就變成了孤注一擲的賭博,接踵而來的所有負面回饋將大幅降低你的行為能力。不要容

忍過高的風險，抱著賭一把的心態，只有在交易市場出現、提供的機會，有紀律、有規範地實踐進行自己的交易策略及計畫，只要把正確的動作一再重複，你就會賺錢。

真正頂尖的交易者之所以進場交易，絕對不是因為他們單純具有交易的衝動，而是他們都掌握了勝算。在這種情況下，交易對他們來說只代表一件事情——就是「賺錢」，而非滿足賭博心理。同時，他們也知道何時應該認賠、何時應該繼續持有獲利部位，不要急著獲利了結。事實上，「出場」的重要性實在大過「進場」。因為「出場」的時間才是左右輸贏的關鍵。不論你是試著猜測行情頭部或底部的玩家，或是想成為具有高勝算的贏家，無論你的交易風格如何，最重要的是具備嚴格的紀律與規範，擬定明確的交易策略和資金管理計畫，如此一來就能賺錢。

交易的技巧往往需要經過許多年的訓練，才能純熟、熟練，在這段訓練交易的過程中，交易者需要面對許多困難的課題，例如，他們必須學習判斷勝算高低的技巧及方法——篩除勝算不高的機會，將全副精力集中在那些勝算較高的交易，以掌握真正能致勝的機會。

優秀的交易員必須判斷何謂「不當的交易」，也就是風險／報酬比率過高的交易。不論實際結果是賺或賠，只要參與這種性質的交易，就不能算是一筆好的交易。因此，如果希望成為一名績效非常穩定的交易者，就只能接受那些風險偏低的機會，即使這代表著

必須放棄一些潛在報酬比率可能很高的交易！

　　要成為一名能夠賺錢的交易者，除了在市場交易期間認真工作，開盤前後的工作也同樣不可馬虎。交易發生之前，他們早就已經知道自己準備針對哪些交易機會進行交易，而且清楚所有可能的因應策略，接著只要耐心等待預期的機會，就立即進場。萬一判斷錯誤，必定二話不說就認賠出場，絕不會發生追價或戀棧的錯誤，因為這些行為不在他們事先規劃的交易策略之中。聰明的交易者不會一味執著於自己的判斷，而不理會市場所釋放的訊息；相反地，他們往往被動地接受市場提供的機會，針對趨勢明確的市場或個股進行交易，或是等待折返走勢提供的「進場時機」。在此同時，他們不同於其他交易者的地方，就是他們能夠控制自己的情緒，並且保持聚精會神的專注，不會同時進行太多交易。

多重時間架構概念

一般線性的技術指標的作用

　　短線交易者通常都把技術分析當成一項極為重要的資產與優勢，而對於消息，則相對沒有如此重視，因為他們相信，價格走勢圖內即反映各種足以影響行情的消息——他們認為市場行情早已反映消息基本面。交易者很容易就可以從走勢圖上看到價格的變動，

無論行情是朝哪一個方向，都可以一目了然；然而，技術指標運用真正困難的地方，是如何以其為基準來判斷未來走勢。我們可以確信只有一個重點——不論技術指標的種類，沒有任何一位交易者可以預測未來的價格；換句話說，任何一支股票未來走向都只能大概被預測得知。

立體透視型的多重時間架構之運用

由各種不同角度觀察市場，是成為頂尖交易者的必要條件。試想：若你可以從較寬廣的視野看到未來的行情發展趨勢，當然就不會執著於單一的時間架構，偏限現階段的決策及交易，對於市場，不能沒有宏觀的看法。交易者最忌諱陷在當前的行情內，而不了解市場的發展方向。突破這個致命傷的方法，就是要掌握各種不同時間架構的演變，才可能看穿時間的障眼法。如此一來，交易者才知道主要走勢如何發展、延伸，也能夠知道哪裡是重要的支撐及壓力區域；同時，也可以利用多重時間架構幫助設定停損、停利點。在交易進行前，先參考可以利用較高時間架構所提供的訊息，而以較低時間架構的線索作為進、出場的訊號，如此提高操盤勝算必定不是難事。

當然不是每位交易者都適用同一種時間架構，挑選時間架構必須依照交易者自己的貪婪程度與風險承受度進行規劃。交易的時間架構因人偏好各異，理由各自不同；短線進出可能對某些交易者比

較容易操作、控制；偏好較長期部位的交易者則喜歡使用較長期的時間架構進行分析，對他們來說，盤中價格波動屬於隨機現象，不好分析、掌握；有的交易者礙於有限資金，選擇不持有隔夜部位，只在盤中進行交易，或者他們想要一夜好眠，不希望躺在床上還擔心自己所持有的隔夜部位；同樣地，就算同樣是選擇當日沖銷的交易者，也會因為偏好的不同，而選擇不同的時間架構。有些人的部位只持有幾分鐘，其他人可能持有幾個小時；有的交易者不希望短線交易造成的佣金費用稀釋獲利，所以不操作短線，只願意從事非常有把握的交易，因此部位長期持有是常見的事，在時間架構組成上，每位交易者都可找到個人覺得最舒適的時間架構組合。

　　無論是在期指、股票等市場，交易者若不採用多重時間架構，就只能受控於時間的障眼法中。如果還抱著賭博的心態放手一搏，可能就更加危險，缺少了多重時間架構，就無法真正知道重要的價位水準，因此可能在上漲行情的拉回走勢中放空，在下跌行情的反彈走勢中作多，逆勢而為的結果就是虧損套牢。同時，不好好掌握行情在多重時間架構上的發展，就可能對走勢抱著想像，無法知道行情再過度延伸，逆著動能方向進行交易，很容易被判出局。即使會持有少部分成功的部位，但可能因進、出場時機拿捏不準確，或過度交易，或過早獲利出場，持有成功部位時間不夠而扼腕。藉由較高的時間架構，可以減少交易頻率、降低犯錯的機率及佣金的支出；而藉由較短時間架構，可以更精確的拿捏進、出場的時間點。

多重時間架構可幫助交易者看清楚超買及超賣區，找到適當的支撐及壓力水準，如果有獲利部位，也不會過早停利了結，不同的時間架構還可以彼此確認走向，提升交易操盤的精確度。

　　相對地，如果交易者可以掌握多重時間架構的運用，就可以從較適當的角度觀察當前的行情發展，掌握市場的整體狀況，與市場高度磨合，不受市場時間障眼法的影響，看清楚大盤個股的走勢，

　　當交易者在擬定自己的交易策略時，應該考量所有的時間架構，不論是1分鐘、5分鐘、30分鐘到60分鐘的走勢圖，直至日線、週線、月線，都應在考量的範圍中。進場交易前，應該確認每個時間架構都相互呼應，以提高勝率。市場交易的基本前提是順著主要趨勢方向，先採用較寬廣的時間架構來確定走勢。例如，以日線圖及週線圖來判斷、釐清主要趨勢，鎖定主要支撐及壓力區，接著以30分鐘及60分鐘走勢圖，訂定明確的計畫。短時間的時間架構走勢圖，例如，1分鐘、3分鐘、5分鐘等，在走勢圖上找出適當的進場點，除非在每個時間架構的走勢上都確認交易者的判斷正確，可靠度極高，才進場交易，否則採取交易動作，就不會有太高的勝算。如果每個時間架構都可以互相配合，確定交易者的預測判斷，就可以大幅提升勝算。

　　交易者在進行交易之前，看清楚行情走勢是很重要的。要達到這個目標的唯一方法就是藉由不同時間架構以擴大視野，擺脫時間的障眼法。如此一來，連進、出點都可以拿捏得很精確。觀察較長

期的時間架構，以刻劃主要趨勢的發展方向，有經驗的交易者可以依此判定支撐、壓力區，了解主要趨勢的發展方向之後，要決定進行交易的方向就會比較容易。實際進行一筆交易時，除了事前在長時間的時間架構上所看出來的主要趨勢，在操作上，採用較短的時間架構。為了找到適合進場的機會，可以利用1分鐘、5分鐘或10分鐘的走勢圖；使用短時間的時間架構，也讓風險的控制更容易。各種類型的交易者其實都適合多重時間架構的運用，無論你是超短線玩家與長期交易者，為了能夠看清楚實際的走勢及精確的掌握進、出場點，一定要由各種不同的時間角度觀察。

　　為了可以讓交易者更清楚的掌握行情，並拉長成功部位持有的時間，交易者使用的時間架構應該包括短時間及較長的時間架構，除此之外，交易者應減少交易次數，「虧損部位認賠，成功部位獲利拉長。」是交易者都耳熟能詳的一句座右銘，然而，大部分的人都會因為滿足於現有的獲利狀況，而提早了結成功部位，所謂「過早」了結獲利部位，是因為交易者因為不想流失既有獲利，或不能由正確時間架構看清楚潛在獲利可能性。相對地，如果交易者將視野拉到較高的時間架構，通常可以發現視野的擴大令人驚訝，也可以看到先前沒有看到的可能性。所以為預防過早了結損失，與其把自己侷限於極短的時間架構，不如增長時間架構，讓成功部位持續獲利。

　　在進入乾坤輪實戰解說之前，我們利用一支撰寫程式來將原始

K線為小時間級數的15分K線圖，將其小時、日、週、月等大時間等級分別以方框描繪出其各自時間等級，如此便可以在小級數的分時K圖內看到大級數的多重時間架構，並依此來觀察一段位於2007年11月所發生的重大轉折現象，以加深讀者的觀念。

圖 4.1 2007年10月底15分K線圖

　　上圖便是在2007年10月下旬大盤來到9850左右，由圖中的圓圈內有三個橫盤排列的方框，代表的就是三個日線的高低價框，若由我們目視所及的15分K線，尚無法有翻空的揣測，因其自10/22以來

的走勢以視線所及的資訊實為一穩健多頭，頂多只能視為良性回

檔，不過當我們將採樣天數增加，訊息便截然不同！請見圖4.2。

圖 4.2 **15分K線縮圖（增加天數）**

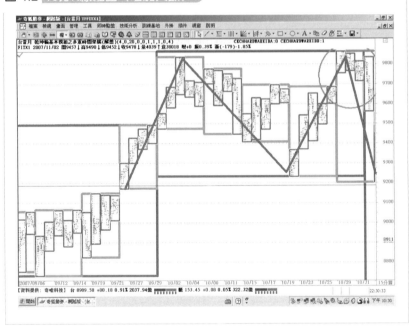

當我們把15分時K線圖採樣增加為2個月時，上圖的圓圈所在位

置與圖左邊高點9月底的位置兩者遙相呼應，相信讀者應不陌生，這

很像一個M頭。若想進一步確認，我們當然可以再取更長的時間樣

本，請見圖4.3。

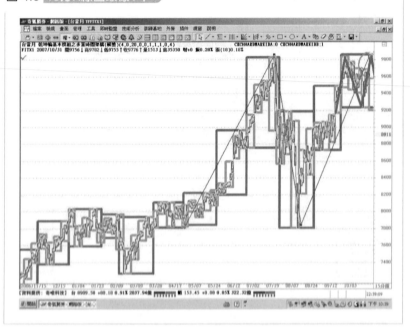

由上圖可以看到一整年的15分K線圖,其最大型的框線也就是月線,所代表的又是一個超級大M頭,由一個取樣大幅增加的15分分時圖裡,我們看到了一個極為長期的空頭型態形成。這就是見微以知著,多重時間架構的基本精神,接下來看2007年11月1日之後的大盤走勢,請見圖4.4。

圖 4.4 2007年11月後續空頭走勢

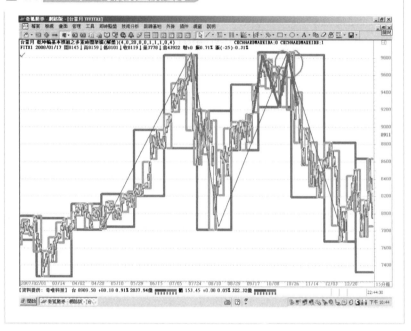

　　直接跌回一整年的底部區7600附近——圓圈所在處之10月底就是本範例的起始點，一個完美的M頭完成。嚴格說來，筆者並非型態分析派，不過想藉此範例來說明多重時間架構其實是各技術分析支派的源頭，所以它自然能解答目前許多見樹而無法見林的技術分析者心中困惑。利用型態來解說只是一個範例，以下第三節便是筆者的恩師黃勝友先生所創立擁有多國專利軟體的「乾坤輪」，利用2008年總統大選前的行情來做實戰解說。

乾坤輪實戰範例

在利用乾坤輪來剖析行情之前，先約略爲其介面架構做一番介紹。

本章多重時間架構的實際運用，可以透過乾坤輪軟體介面來達到多面性的市場監控，各個由外而內的重疊圓周上的小圓點代表自大週期月等級到分時最小週期的多空狀態，落於左半圓爲多方，右半圓爲空方，詳細解說請見圖4.5細部拆解。

圖 4.5 乾坤輪細部拆解

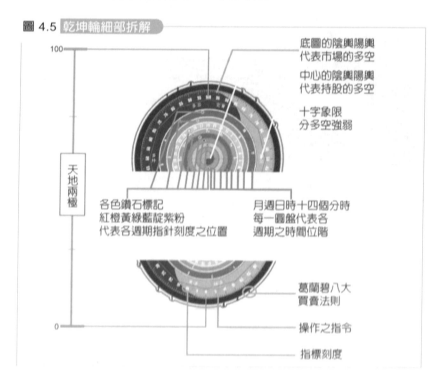

底圖的陰與陽與代表市場的多空

中心的陰與陽與代表持股的多空

十字象限分多空強弱

各色鑽石標記紅橙黃綠藍靛紫粉代表各週期指針刻度之位置

月週日時十四個分時每一圓盤代表各週期之時間位階

天地兩極

葛蘭碧八大買賣法則

操作之指令

指標刻度

在初步了解之後，若想進一步認知可參閱網站：

www.timepipe.com.tw

接著利用奇狐勝券另一特殊功能——「訓練模式」來將行情有
如播放DVD一般倒轉回2008年總統大選前3/17收盤，圖4.6的左半部
便是多重時間架構乾坤輪的全貌，右半部則是同時對應的期貨15分
K線走勢圖，右下角就是奇狐訓練模式的播放控制器。

透過乾坤輪（左方數值）可知當時3/17其月等級與日等級之KD
為空頭，但週線KD等級為多方勢，120分鐘也就是2小時K線等級為

圖 4.6　2007年3月17日收盤

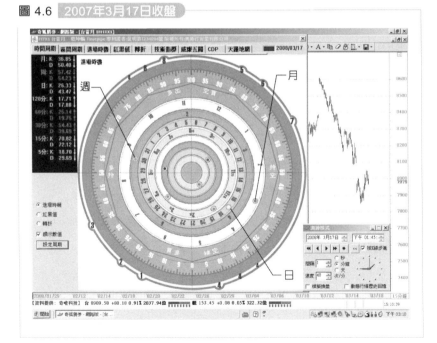

空方勢，此四時間級數之KD呈拉鋸狀態。同樣地，我們也可透過乾坤輪重疊圓由外而內（由最大週期月等級到最小週期的自設分時），每一圓周上圓點的位置來了解目前各週期的多空狀態，圓點落於右半圓則為空，左半圓則為多。而由本範例在3/17收盤時，2小時K線的KD似乎有機會由低檔17左右向上黃金交叉……。乾坤輪的另一強項便是能推出當價格漲跌到哪一價位時，指標的多空態樣，如KD等將會黃金交叉或死亡交叉，這也就是倒推股價功能，請見圖4.7。

圖4.7的時間同樣為3/17之收盤點，圖下方有一表格，請見最下

圖 4.7 3月17日乾坤輪與價格預推表

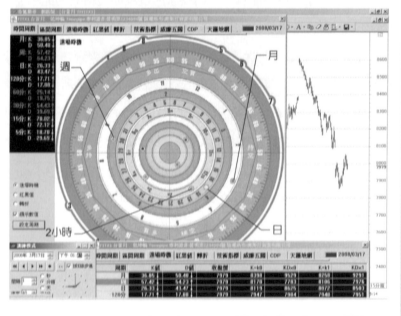

方一列，120分的K與D值分別為17.71與17.88，期貨收盤價為7979。

而最重要的數值就是接下來的四個值：

「K＝k0」所代表就是當期貨若在這當下，2小時收盤前來到7947時，K值將會走平。

「KD×0」便是當期貨若在120分，2小時收盤前來到7984時KD便會黃金交叉，由於收盤在7979未漲到7984，所以目前的120分KD在介面左邊數值表上為綠色，或是該圓珠位於乾坤輪的右半方（空方區）。

「K＝k1」所代表就是當期貨若在下一根收盤前來到7948時，K值將會走平。乾坤輪不僅具有將指標狀態倒推回股價的功能，還可以多推下一根的股價多空狀態。

「KD×1」便是當期貨若在下一根2小時收盤前來到7951時KD便會黃金交叉，這個涵義很重要，由於3/17收盤在7979，所以「KD×1」為7951所代表的涵義為明天(3/18)開盤2小時內只要不跌破7951，則120分鐘的KD將會自然黃金交叉，這是在前一天收盤(3/17)便可預先知道的值！

補充一點：上面四個值所謂「＝」表示K值走平，「×」表示黃金或死亡交叉，「0」表示為當下這根K線時段，「1」表示為下一根的K線時段，也就是預告下一根K線的倒推值。

接下來繼續看3/18往後走勢，請見圖4.8。

圖 4.8 **3月18日120分翻為多頭**

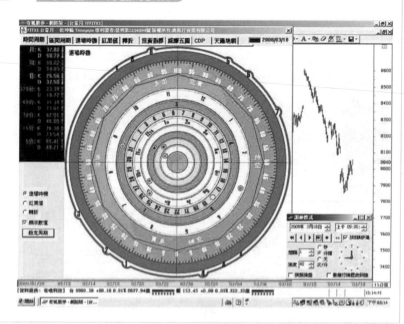

　　由圖右下角訓練模式得知時間為3/18上午9點開盤後，而上方對
應的15分的分時K線圖指出當時價位在8040，而昨天3/17收盤時乾坤
輪預推表中的「KD×1」告訴我們只要高於7951，則下一根也就是
3/18開盤2小時的KD便會黃金交叉，所以3/18開盤當下已經告訴我
們，月、週、日及120分這四個圓周上的四個圓點左右半部的多空分
布將會改變，也就是由外往內第四個圓點所代表的2小時KD將會由
空轉多（由右半部跳到左半部，約在7點鐘方向）。這就是短線第一
個轉折訊號，為期7天的跌勢在此提出空翻多的第一次轉折警告！以

下繼續看往後走勢發展，請見圖4.9。

圖 4.9　3月19日收盤

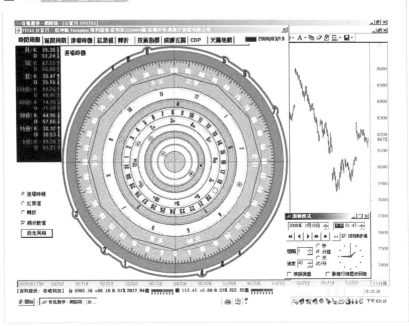

　　圖是3/19收盤時的狀態，可以由右邊K線走勢看到3/18收高，然後隔日(3/19)向上跳空最後收8172，距離前一天(3/18)開盤已漲了132點，這就是第一轉折預告的效用，空單在前一天至少要回補是沒錯的。我們再觀察月、週、日與2小時K的四顆圓點多空位置：目前週與120分在多方（左半部約在10點鐘方向），而月與日在右半圓（約在圓周的4點鐘方向），兩票對兩票，不過日線空頭票似乎有跑票跡象，要如何得知日線KD在股價續漲到哪一個臨界點將會黃金交叉而

由空翻多呢？還記得前面所提的預推表嗎？下一圖例將時間依舊停
留在3/19收盤，不過會多顯示出預推表，請見圖4.10。

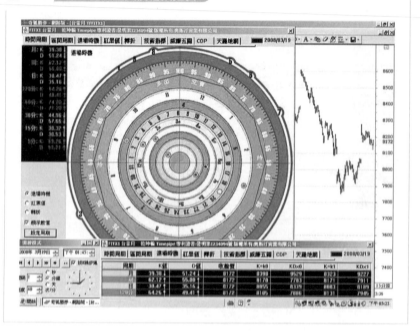

　　看圖下方預推表的日那一列最右邊兩項數值：「K＝k1」與
「KD×1」。

　　「K＝k1」的值8083代表隔日(3/20)只要股價不低於8083，則K值
會繼續上揚準備與D黃金交叉，而不會彎頭往下交叉失敗。

　　「KD×1」的值8189代表隔日(3/20)只要股價站上8189日線KD將
會黃金交叉，這對3/19當日收盤價8172來說難度不高，只要隔日

(3/20)收盤漲17點便可日線黃金交叉,這是一個非常重要的訊號,可說是多頭確立,所以我們在3/19當天收盤由乾坤輪預推表可得知隔天(3/20)是關鍵日,關鍵價就是「KD×1」的值8189。接下來看圖4.11後續發展。

圖 4.11　3月20日關鍵時刻

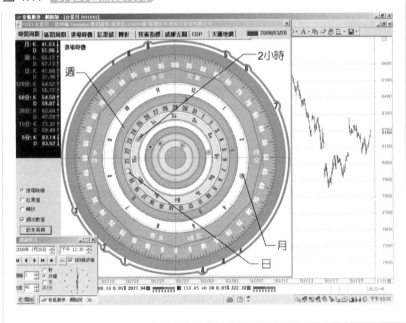

在3/20的走勢早盤、中盤兩次在測K值走平點,後來在關鍵的尾盤12:30出現了8189站上的狀態,這是多單要全力進攻的訊號,就是在3/20的12:30,請關掉電視,那時電視財經台一定有許多「股市藝人」也就是「大師」們會勸各位保守因應等一些無關痛癢的話,

可是由他們亮麗的「專業打扮」又會讓觀眾會覺得不聽他們的話肯定不會賺錢。筆者很慶幸自己這3年來成功戒掉了財經電視台的茶毒，報紙也只看影劇版，這對筆者的操作十分有幫助，只相信指標模組告知的現象。繼續回到正題，在3/20的12:30那以15分K線圖為時間主軸的狀態，透過多重時間架構的「乾坤輪」了解整體市場已出現一決定性多空態勢；而當多單傾巢而出時，後續大盤走勢會如何呢？請見圖4.12。

　　兩個交易日的選後開盤高點9113。

圖 4.12　3月22日選後開盤

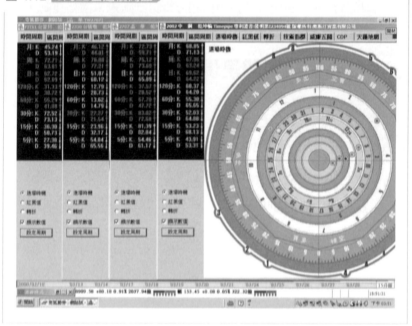

　　什麼是技術分析？技術分析基本上就是解析圖形。說得更清楚一點，它是一種解讀圖樣型態的科學或藝術，有助於挑選買賣時機。技術分析不但可幫助做決策，還能讓決策更精確、更有紀律，並讓你的資金管理更有效。

　　許多提倡技術分析的人相信，從圖形上都可以讀出你想知道某一支股票或某一個證券的所有資訊。

　　技術分析包括兩大形式：

▶ 價格型態：為證券價格的走勢型態。

▶ 指標：納入價格變動的數學運算結果，除了價格，還包括交易量在內。透過各類指標值和分析可判斷未來價格變動。

三大主要價格型態呈現方式

　　價格型態僅僅繪出在一特定期間內，某有價證券的價格變動。可分成三種主要的呈現方式：

1. 簡單曲線圖(Simple Graph)。

2. 長條圖(Bar Graph)。

3. 日本陰陽燭(Japanese Candlesticks)。

表 4.1 那斯達克日線圖（2000年7月至2001年1月）

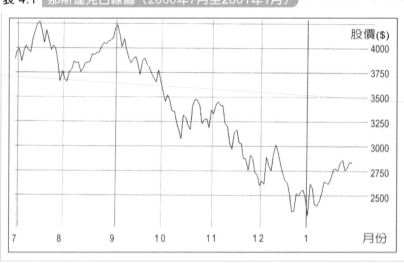

資料來源：TC2000.com 沃登兄弟股份有限公司(Courtesy of Worden Brothers Inc.)

　　單就圖形來說其實不具意義，從表面當然不難看出，從2000年
9月到2001年1月初，價格跌了一半。這個常見的圖形告訴我們，市
場可能正在下跌。由於這是一條日線圖，因此線上的每個點代表每
一天高低點的平均值。

　　另一種更有用的長條圖，則是能讓我們看出每一天的高點、低
點、開盤價和收盤價。

表 4.2 　那斯達克日長條圖（2000年7月至2001年1月）

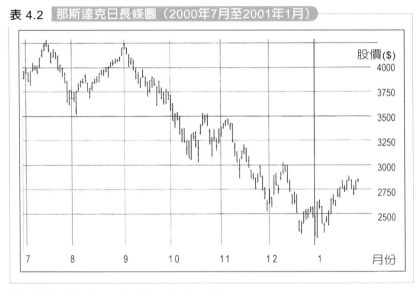

資料來源：TC2000.com 沃登兄弟股份有限公司

　　請注意每一根長條圖所代表的意義。每一長條上都有一向左和向右的水平短線，每一根長條所代表的是每一天的開盤價和收盤價，而長條的頂端和底端則各代表當天的最高價和最低價。

圖 4.13 　簡單長條圖

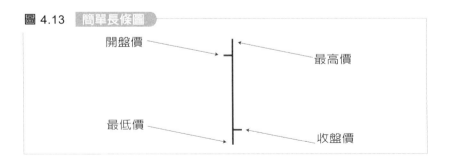

　　由日本人發展出來的陰陽燭，更能明確標示出期間內的價格變動情況。

表 4.3　那斯達克日陰陽燭圖（2000年7月至2001年1月）

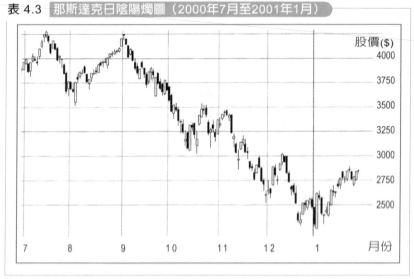

資料來源：TC2000.com 沃豐兄弟股份有限公司

　　以下是日本的陰陽燭代表的意義：

圖 4.14　價格上漲陰陽燭

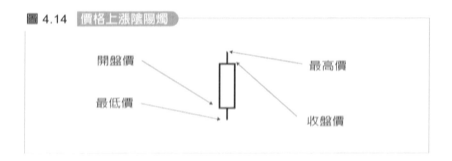

▷ 價格上漲的陰陽燭爲空心體。

▷ 中間主體代表開盤價和收盤價。

▷ 若是價格上漲的陰陽燭，顯然收盤價在上，開盤價在下。

圖 4.5　價格下跌的陰陽燭

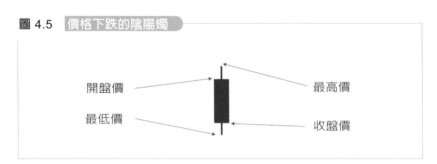

開盤價　　　　　　　　　　最高價

最低價　　　　　　　　　　收盤價

▷ 價格下跌的陰陽燭爲實心體。

▷ 中間主體代表開盤價和收盤價。

▷ 若是價格下跌的陰陽燭，顯然收盤價在下，開盤價在上。

基本走勢圖型態

　　各位若想靈活運用技巧來交易，就必須熟悉標準走勢圖型態。有些人認爲基本面和技術面分析各自獨立且不相容，其實不然。用較平衡的觀點來看，應該是基本面分析較著重一家公司的長期體質，而技術分析則可從旁輔助並增強你的短期交易欲求。不管是分析技術圖形，還是快速篩選符合條件的基本面，投資者都應該養成試著分析的習慣。

走勢圖型態可分成兩大類型：突破(momentum/breakouts)，也就是走勢在某處蓄積能量並可能朝該方向進一步發展。另一個是反轉(exhaustion/reversal)，也就是走勢終止。以下介紹幾個較易立即辨識的型態。

支撐和壓力

大多數的交易者和投資人都會利用支撐(support)和壓力(resistance)，這是在觀看圖形時最易了解也最易辨識的型態。

▸ 支撐是價格打底並反彈的地方。

▸ 壓力是價格作頭並反向下跌的地方。

支撐和壓力是由股價走勢所形成，重點是它們形成一道心理關卡。在壓力附近時，交易者會開始擔心甚至賣出，而當價格觸及支撐時反而變得較為情緒高昂。若股價突破支撐或壓力，則代表型態已告反轉，展開新一波型態。

真正要判定支撐和壓力是否能維持或突破並不容易，因此本就不該妄加預測。對待支撐和壓力的最好方法便是 —— **審慎設定停損或停益點**。由於支撐和壓力鮮少真的很精確，不妨給自己一點餘裕空間。

例如，你在支撐點買進一支股票，並打算在達到壓力點時賣出，至少在你賣出前先讓價格測試一下壓力線。如果能向上突破壓

力,大可暫時不要賣,反而讓壓力成為新的支撐。市場上經常看到的是,當支撐和壓力被突破時,型態隨即反轉過來;原來的支撐變成壓力,而原來的壓力變成支撐。很多交易者常在價位碰到這類價格點時很頭痛,可參見表4.7。

表4.4 支撐和壓力——范妮梅(Fannie Mae)股價走勢(1999年1月至6月)

資料來源:TC2000.com 沃登兄弟股份有限公司

表4.5　突破支撐——范妮梅股價走勢（1999年6月）

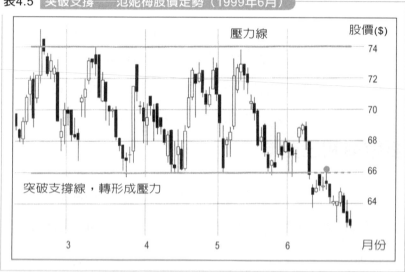

資料來源：TC2000.com 沃壹兄弟股份有限公司

假突破

　　要小心，技術分析不能叫做真正的科學，也就是它所代表的意義並非精確無誤。從上面的圖形可以見到，支撐和壓力線只是在支撐和壓力區域中最適當的一條線，卻不是一定非那條線不可。

　　假突破(fake)會發生於：

▶ 底部被突破然後反彈；或者

▶ 頂部被突破然後回跌。

　　不同股票有其不同的「股性」，假突破的情況也各有不同。當你熟悉一些股票特性以後，就會知道它們什麼時候出現假突破，然

137

後你可據以調整持有部位。

　　支撐和壓力線不應該都畫在價格的最極端處,支撐和壓力其實是一個區域,常位在極端價位的下方。之所以要找的是區域,乃因我們希望看的是大多數人的交易價位,而那絕不會發生在極端價位。

雙重頂和三重頂

　　雙重頂(double tops)指的是當價格在下跌之前,兩度達到某一高價。就邏輯來看,其代表的是價格無力突破前高,價格可能趨弱和反轉下跌。

表4.6　那斯達克指數雙重頂(2000年7月至8月)

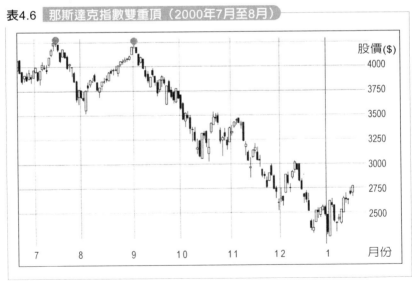

資料來源:TC2000.com 沃登兄弟股份有限公司

　　表4.6那斯達克走勢圖，圖中7月中和8月底分別出現一相同的頂部，即雙重頂型態。

▸ 注意第二個高點只比前一高點略低，強烈顯示弱勢已現，結果也確實如此。此時正是買進賣權或建立下跌保護部位的好時機。後來的連跌四個月才是真的大跌，特別是對股價指數而言。

　　如果我們往前看，會發現同年3月間也出現過一次雙重頂。

表4.7 那斯達克指數雙重頂（2000年3月）

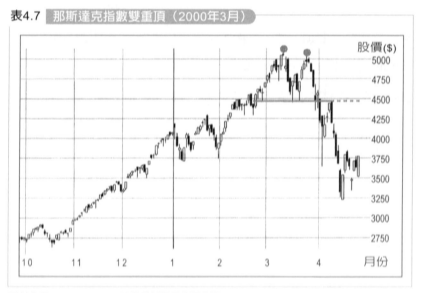

資料來源：TC2000.com 沃豐兄弟股份有限公司

何謂趨勢？

▶ 上升趨勢可定義爲低點逐步墊高，通常（但不必然）會伴隨
高點亦逐步墊高。

▶ 下降趨勢可定義爲高點逐步降低，通常（但不必然）會伴隨
低點亦逐步降低。

價格走勢一般若不是顯現某一趨勢（上升或下降），就是橫向
整理。在表4.7可看出，直至2000年3月都是呈現明顯上升趨勢。

可以注意到在表4.8中，雙重頂之間的谷底指數正好可連成一條
橫線。在第二個頂部過了之後，當這條橫線被突破則是持續下跌，
其後的1個月跌了超過1,000點。

表4.8 **那斯達克指數雙重頂和趨勢結束後走勢反轉（2000年3月）** *

資料來源：TC2000.com 沃登兄弟股份有限公司　　　　　　　　* Downs, 1999

　　另一個可以注意到的是，雙重頂發生在一個上升趨勢的末尾。這個上升趨勢可以自1999年10月起算。

雙重頂的規則

　　綜上所述，我們可以整理出三個型態：

1. 雙重頂。

2. 上升趨勢破壞後反轉向下（如表4.8，3月底時）。

3. 最後的重要底部被突破後走勢向下（如表4.8，3月底時）。

　　所以，此時你可以：

▶ 當趨勢線破壞後退出你的作多部位；

▶ 當底部被突破後退出你的作多部位。

扼要重述：

圖4.16　**雙重頂和趨勢結束後走勢反轉**

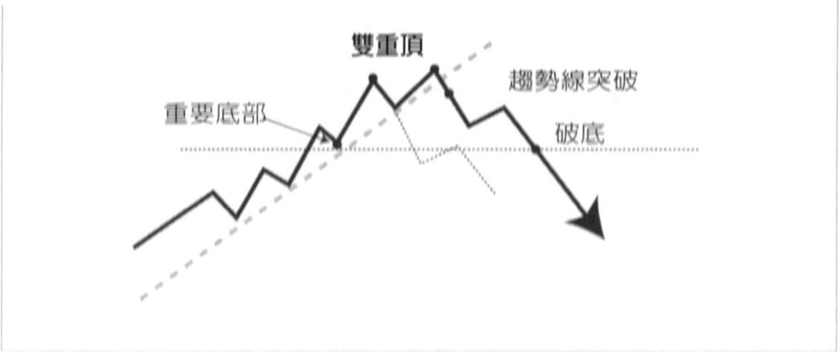

圖4.17　三重頂和趨勢結束後走勢反轉

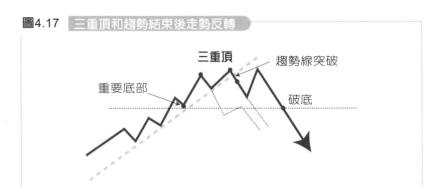

三重頂的規則

三重頂(triple tops)的規則和雙重頂相同：

1. 三重頂。

2. 上升趨勢破壞後反轉向下（通常發生在第二重頂出現後）。

3. 最後的重要底部被突破後走勢向下。

所以，此時你可以：

▸ 當趨勢線破壞後退出你的作多部位。

▸ 當底部被突破後退出你的作多部位並轉多為空。

雙重頂和三重頂摘要整理

型態意義	若在第二重頂或第三重頂出現後趨勢線被突破，股價轉弱。
因應法	◆ 在趨勢線被突破時賣出所有持股。
	◆ 考慮買進賣權或放空股票。

如何判讀趨勢	◆ 雙重或三重頂出現。
	◆ 上升趨勢線被突破。
	◆ 反轉向下突破最近期的重要底部。
發生原因	◆ 無法說服市場股價可漲破前高。

雙重底和三重底

與前述完全相反的型態則為雙重底(double bottoms)和三重底 (triple bottoms)。

就邏輯來看，其代表的是價格無力跌破前低，甚至反而可以向 上突破前高。可解釋為價格可能趨強，準備上漲。

圖4.18　雙重底和趨勢結束後走勢反轉

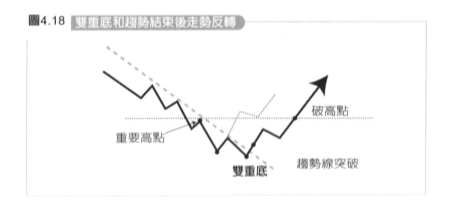

143

圖4.19　三重底和趨勢結束後走勢反轉

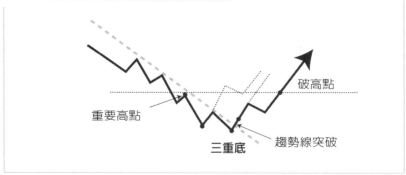

重要高點

破高點

三重底

趨勢線突破

雙重底的規則

1. 雙重底。

2. 下降趨勢破壞後反轉向上。

3. 最後的重要頂部被突破後走勢向上。

所以，此時你可以：

▶ 當趨勢線破壞後建立你的作多部位；或

▶ 當頂部被突破後建立你的作多部位。

三重底的規則

三重底的規則和雙重底相同：

1. 三重底。

2. 下降趨勢破壞後反轉向上（通常發生在第二重底出現後）。

3. 最後的重要頂部被突破後走勢向上。

所以，此時你可以：

▶ 當趨勢線破壞後建立你的作多部位；或

▶ 當頂部被突破後建立你的作多部位並轉多為空。

雙重底和三重底的摘要整理

型態意義	若在第二重底或第三重底出現後趨勢線被突破，股價轉強。
因應法	◆ 考慮買進股票或買權建立多頭部位。
如何判讀趨勢	◆ 雙重或三重底出現。
	◆ 下降趨勢線被突破。
	◆ 反轉向上突破最近期的重要頂部。
發生原因	◆ 說服市場股價可漲破前高。

時間點建議

　　型態所形成的時間愈長，該型態便愈堅固且愈重要。一個花費2個月形成的雙重頂（或雙重底），比起花10分鐘形成的雙重頂（或雙重底）是更為重要的指標。

頭肩頂型態

圖4.20　頭部和肩部

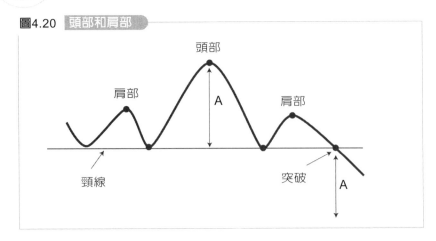

頭部

肩部

A

肩部

頸線

突破

A

　　頭肩頂型態(head and shoulders)發生於當兩個較低的頂部（肩）中間夾有另一個較高的頂部（頭）。就邏輯來看，其代表的是價格無力突破前高，價格可能趨弱和反轉下跌破頸線，之後下跌幅度至少會相當於頸線和頭部的距離（如圖4.20，A段距離）。

頭肩頂型態摘要整理

型態意義	若支撐線（頸線）被突破，股價可能轉弱。
因應法	◆ 在趨勢線被破時賣出所有持股。
	◆ 考慮買進賣權或放空股票。
如何判讀趨勢	◆ 如上圖所繪的頸線型態出現。
	第一個肩、頭、第二個肩，其後突破頸線。
發生原因	◆ 頸線被跌破。
	◆ 重要反轉型態中最可靠之一。

表4.9 通用汽車(GM)股價頭肩頂型態（1998年3月至8月）

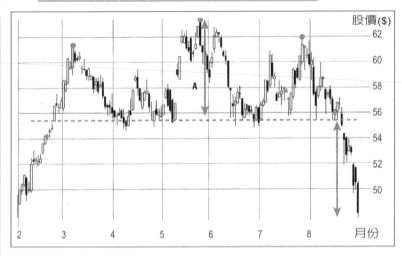

資料來源：TC2000.com 沃登兄弟股份有限公司

頭肩底型態

圖4.21 頭肩底

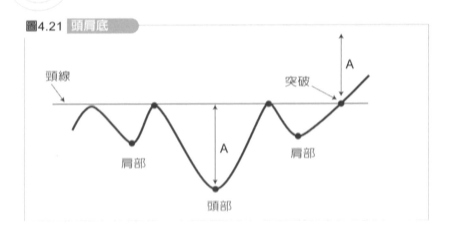

　　頭肩底型態 (reverse head and shoulders)發生於當兩個較高的底部（肩）中間夾有另一個較低的底部（頭）。就邏輯來看，其代表的是價格無力跌破前低，甚至反而可以向上突破前高。可解釋為價格可能趨強，準備上漲，之後上漲幅度至少會相當於頸線和頭部的距離（如圖4.21，A段距離）。

表4.10　通用汽車(GM)股價頭肩底型態（1998年6月至11月）

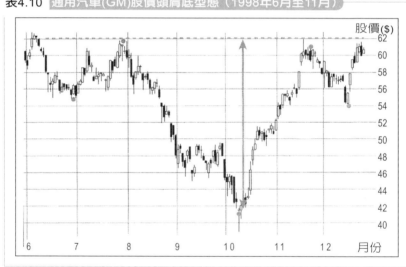

資料來源：TC2000.com 沃登兄弟股份有限公司

　　在上例中，注意原來前面的頭肩頂型態如何轉化成頭肩底。表4.11則可看出頸線被突破後的上升力道。

表4.11 通用汽車(GM)股價頭肩底突破後上漲型態（1998年11月）

資料來源：TC2000.com 沃登兄弟股份有限公司

頭肩底型態的摘要整理

型態意義	若阻力線（頸線）被突破，股價可能轉強。
因應法	◆ 考慮買進股票或買權建立多頭部位。
如何判讀趨勢	◆ 如上圖所繪的頸線型態出現。
	第一個肩、頭、第二個肩，其後突破頸線。
發生原因	◆ 頸線被跌破。
	◆ 重要反轉型態中最可靠之一。

整理型態──三角旗形、三角形、旗形、楔形

整理型態發生在當股價震幅緊俏，意味買賣方的出價極為接近，顯露出波動性降低的跡象。身為交易者有必要認識這些型態，因為波動性是影響選擇權價格的直接因素之一，並可根據波動性的高低和失真的價格，找出一些有用的選擇權策略。我們稍後再談策略，先來看看一些價格型態。

三角旗形和三角形

三角旗形(pennants)的特徵是高點愈來愈低，而低點愈來愈高。這種收斂型態即是波動性降低的證據。

圖4.22　三角旗形

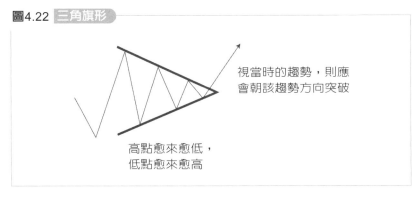

視當時的趨勢，則應會朝該趨勢方向突破

高點愈來愈低，低點愈來愈高

▶ 運用三角旗形型態可找出鞍式(straddle)交易策略機會，後面會再詳述。

表4.12 MNMD公司的三角旗形型態（1999年5月）

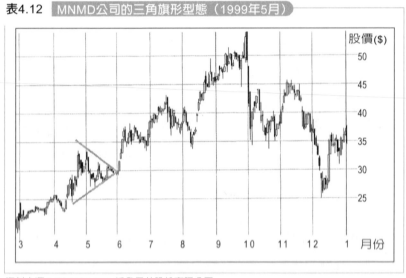

資料來源：TC2000.com 沃登兄弟股份有限公司

三角形(triangles)最後可能會向上或向下突破。同樣也可用於找出鞍式交易策略機會。

圖4.23 三角形

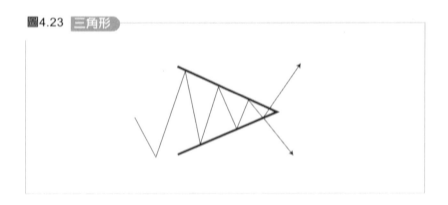

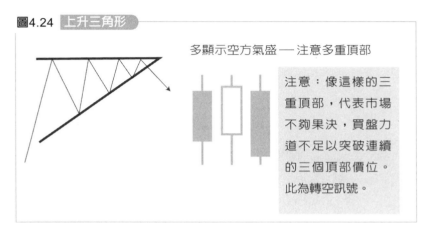

圖4.24 上升三角形

多顯示空方氣盛 —— 注意多重頂部

注意：像這樣的三重頂部，代表市場不夠果決，買盤力道不足以突破連續的三個頂部價位。此為轉空訊號。

　　一個上升三角形可被視為轉空訊號，型態特色為形成多重頂部，即一種轉空訊號，代表買盤力道不足以讓價格向突破創下新高。

旗形和楔形

圖 4.25 旗形

視當時的趨勢，應會朝該趨勢方向突破。此處的趨勢為向上。

　　旗形(flag)發生在持續的主流趨勢成形，遇到短暫的干擾後再回復趨勢。從旗形本身可見到價格在兩條平行價位線中來回震盪，最後突破重回主流趨勢。

表4.13　SOL公司的旗形型態（1999年5月和6月）

資料來源：TC2000.com 沃登兄弟股份有限公司

圖 4.26 楔形

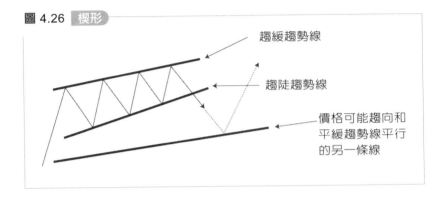

趨緩趨勢線

趨陡趨勢線

價格可能趨向和
平緩趨勢線平行
的另一條線

楔形(wedges)與旗形不同之處，在於楔形趨向收斂，不像旗形是在平行趨勢線中整理。

楔形價格走勢爲夾在兩條非平行趨勢線中間，較平緩的一條爲「強勢線」，價格較有可能先趨向與其較平緩線的平行線，然後再反彈重回趨勢。

判別楔形的方法

▶ 找到一條和平緩趨勢線平行的另一條線。

▶ 趨勢線組中較平緩的一條爲「強勢線」。與之平行的線亦爲強勢線，應注意股價可能先跌至這條較低的平行線。

▶ 上升楔形爲短暫走空訊號（至少會先跌至較低的平行線）。

▶ 下降楔形爲短暫走多訊號（至少會先漲至較高的平行線）。

表4.14　ALTR公司的楔形型態（1999年至2000年）

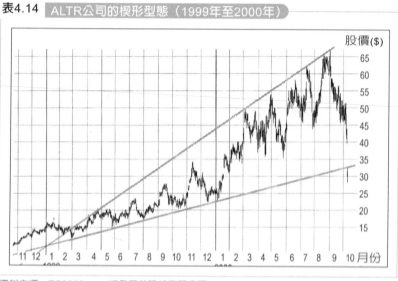

資料來源：TC2000.com 沃登兄弟股份有限公司

　　注意股價最後跌向較平緩的趨勢線，事實上最後跌破該線。

平行趨勢線

　　通常在畫趨勢線的時候，可以再畫出另一條與之平行的線，兩條線進而構成了價格走勢的通道。

圖 4.27 平行趨勢線

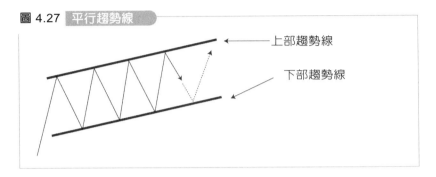

顯然下部趨勢線是買進目標點，上部趨勢線是賣出或退場目標點。在這種走勢下，必須堅守出場點，因為如果價格突破趨勢線，可能代表型態結束，形成對你不利的情況。

表 4.15 ALTR公司平行趨勢線型態（1999年，季線圖）

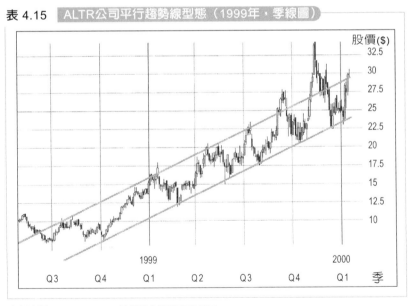

資料來源：TC2000.com 沃登兄弟股份有限公司

　　注意表4.15的平行趨勢線被突破，但還是又回到趨勢通道內。型態不見得只出現唯一一種。像表4.14和表4.15是同一支股票在同一時期的走勢，但卻同時呈現兩種不同的型態。

　　當發現這種平行趨勢線時，即可以找出目標價格採取各式選擇權交易策略。以此例來說，筆者會用短期的「多頭賣權價差交易」(Bull Put Spread)來獲利（這個策略將在第7章詳述）。眼前可以先找出目標價。1999年12月20日，筆者找到$25目標低點，當時該股為$50，準備一拆為二，鎖定的履約時間是2000年1月。由於筆者是以看多賣權為主策略，因此不用在乎上部趨勢線，要擔心的只有在2000年1月的履約日到期時，價格會不會跌破$25。

　　這個平行趨勢持續了1年多，沒有明顯跡象顯示它會在2000年1月突破下部趨勢線。哪裡可以告知潛在危險的資訊？筆者參考那斯達克、道瓊工業指數和標準普爾500等大盤指數，搜尋可能改變市場氣氛的潛在事件消息，最後再研究公司本身。在研究ALTR公司的時候，筆者發現它會在2000年1月選擇權到期日後不久發布季報，而在那時候之前，這家公司一直有超出預期的盈餘表現。股市從2000年3月後大幅轉空，筆者所用的「多頭賣權價差交易」則是最適於運用在持續上升趨勢的市場，最後是在不到1個月時間內，賺得74%的利潤。雖然筆者不建議使用這樣的策略，但在那個時候的確是最能平衡的投資組合。

費波那契回歸

　　費波那契數列(Fibonacci number series)放在各種市場情況中都有其魔力。其理論中心為數字不斷地自我衍生，奇妙的是此數列的源頭竟然是用於解釋兔子的生殖週期。現在費波那契數列被廣泛的運用，包括室內設計和投資交易。

　　費波那契數列的構成，是每個數字都由前面兩個數字相加得出，由0開始。所以費波那契數列為：

0, 1, 1, 2, 3, 5, 8, 13, 21, 34, 55, 89...

　　當數字變得愈來愈大，會發現每個數字趨近於前一數字的1.618倍。這個1.618倍即稱為「黃金比例」(Golden Ratio)。1.618與它的倒數0.618，不論在自然界、歷史、科學及眾多的人類活動中，都可一再發現這兩個比例數字的存在。如果你也和我一樣認識到這兩個數字的重要性，就可以好好享受對黃金比例的進一步深究。

　　研究黃金比例，基本上可以從38.2%和61.8%這兩個比例開始。38.2和61.8的中間值是50，因此在證券交易上會看三個重要的比例：38.2%、50%、61.8%。根據道柏森(Dobson, 1994)的研究，許多價格型態似乎都遵循著這三個比例變化。祕訣在於要能夠找出它們的發生時點，因為當這些比例出現時，多半可確定會再繼續朝下一個比例變化。

什麼是回歸？

所謂的回歸(retracement)是：

1. 價格在回復至上升趨勢前，會先升至高點然後回落（從最後一個主要的底部回溯進行比例計算，請見圖4.28）；或處於上升趨勢的價格達到頂點、回落打底接著又重回上升趨勢，惟此時反轉幅度只達50%的回歸點，然後形成另一個新的下跌趨勢（請見圖4.30）。

2. 價格在回復至下跌趨勢前，會先跌至低點然後回升（從最後一個主要的頂部回溯進行比例計算，請見圖4.29）；或處於下跌趨勢的價格降至底部、回升築頂接著又重回下跌趨勢，惟此時反轉幅度只達50%的回歸點，然後形成另一個新的上升趨勢（請見圖4.31）。

費波那契效用在於回歸幅度不外乎38.2%、50%和61.8%，當中最易看出的就是50%。

在此要提醒的是：所使用的技術圖軟體最好能自動幫你畫出費波那契比例線。這樣不但能幫你節省時間，還因為價格的高低點差距經常會混淆我們的視線，所以最好由軟體來幫助找出回歸價位的相關高低點。價格通常有其走勢特性，所以如果看到某支股票的價格一再出現50%的回歸點，未來很有可能繼續出現此一走勢。

圖4.28　**持續上升趨勢的費波那契回歸**

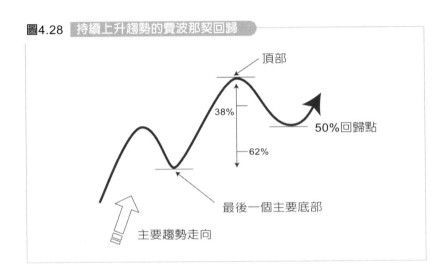

頂部

38%

50%回歸點

62%

最後一個主要底部

主要趨勢走向

圖4.29　**持續下跌趨勢的費波那契回歸**

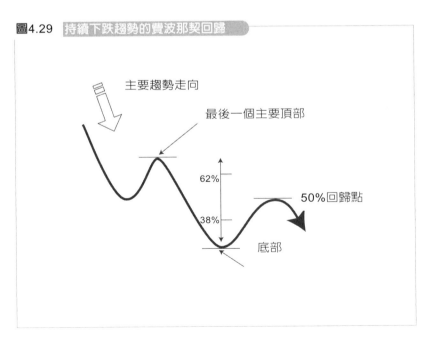

主要趨勢走向

最後一個主要頂部

62%

50%回歸點

38%

底部

圖4.30　趨勢方向改變的費波那契回歸

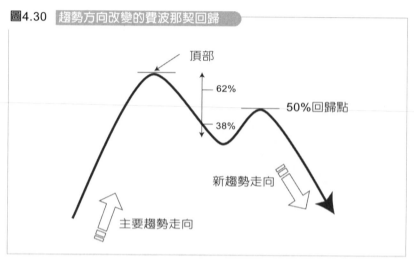

圖4.31　趨勢方向改變的費波那契回歸

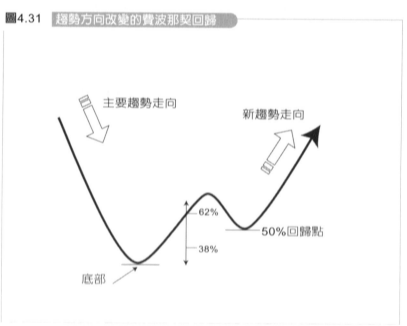

表4.16 MNMD公司股價（下降型態）的費波那契回歸（1999年10月至11月）

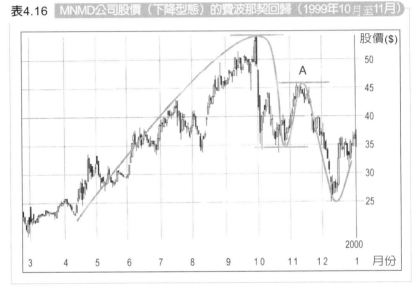

資料來源：TC2000.com 沃登兄弟股份有限公司

在表4.16中，可以見到50%幅度的回歸點出現，但這次主要趨勢已終止，因此顯然從A點開始走勢反轉，向下跌破回歸線。

很多有名的交易員都利用費波那契係數替自己交易。方法有很多，前面介紹的是基本型，如果你想要善加利用就需要進一步究。前面的例子都只是最基本的費波那契回歸型態，欲取得更多資訊，可參考www.fibtrader.com網站。對於真正有心從事交易的人，筆者強烈建議對費波那契理論做更深入的研究。

由於費波那契係數這個技術是利用目標價找出轉折點，因此務必要小心設定停損（停益）點。市場很少能精確達到預設的目標價

位，也就是有時你的出場點最好設在目標價之前。記住：切勿貪心，重點是要能從每次交易不斷創造獲利！

甘氏關卡

一般認為甘氏(W. D. Gann)是第一位運用費波那契係數的人。他所用的比例數字，與費波那契係數不是完全一樣，就是相距不遠，他相信所有的高低價位，彼此間都透過這些比例相互關聯。他還相信，這些比例可以用來準確找出目標價位達到的時間點。本質上，甘氏理論是基於**時間**和**價格**。

很多人成功地將甘氏理論運用在交易上，所以如果各位有時間，也不妨研究一下。要知道甘氏理論和費波那契理論會近似並非巧合，聰明如你大可去熟悉這兩種技巧，然後挑選一個自己喜歡的方式。欲取得更多有關甘氏理論的資訊，可參考www.gannmanagement.com或www.wdgann.com網站。就筆者使用過甘氏理論的經驗來說，其實可以不需要考慮時間點，即可成功決定出目標價格。筆者在運用甘氏理論和費波那契理論交易方面都有很不錯的經驗，因此建議各位不妨仔細研究。這兩個理論本身也是一種資金管理系統，可以一方面確保讓你的虧損減至最低，一方面又有辦法獲利。

簡單來說，甘氏理論講的是：

▸ 每個低點（底部）和每個未來的高點（頂部）之間存在著某種關係；每個高點和每個未來的低點也是一樣。

▸ 甘氏理論中有四道關卡，對交易價位的重要性非比尋常，它們被稱為主要甘氏關卡(Major Gann Level)。雖還有其他的關卡，但在此我們只介紹這四個。

主要甘氏關卡

第一關卡(G1 Level)：$\dfrac{\text{歷史高點}}{2}$

▸ 這是最重要的甘氏關卡。運用規則是：在主要的下降趨勢中，此道關卡即是支撐。如果被跌破，可能續跌至第三關卡，而此時的第一關卡反成為壓力。

第二關卡(G2 Level)：$\dfrac{（\text{歷史高點}＋\text{歷史低點}）}{2}$

第三關卡(G3 Level)：$\dfrac{（\text{歷史高點}）}{4}$ 或 $\dfrac{\text{第一關卡}}{2}$

▸ 這是第二重要的甘氏關卡。運用規則是：如果第一關卡被跌破後續跌，此道關卡即是支撐。若再被跌破，此時的第三關卡反成為壓力。

第四關卡(G4 Level)： $\dfrac{（歷史高點－歷史低點）}{4}$ ＋歷史低點

圖 4.32　標準價格走勢圖上的四道甘氏關卡

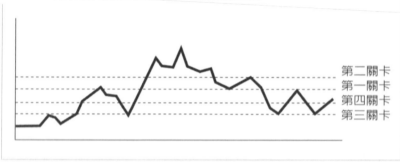

甘氏百分比和角度

　　甘氏相信價格的高低點取決於某種百分比例。這些百分比可被用來決定價格或是未來目標價達到的時間。目標價可透過重要高低點的價位、時間點或某一特殊角度得出。

　　筆者非常建議各位利用前述的網站對甘氏理論做更深入研究。這套理論可不是一夜之間就學得會，至少得花一個週末才能完全了解。學會之後，你可以直接運用專業軟體來運用這套理論。

缺口

當價格出現急漲或急跌，即會形成缺口(gap)，通常是以日或週為觀察基礎。缺口基本上是因為出現異常高（低）的需求。其理論是，積壓已久的買盤或賣盤力道爆發造成缺口，後續將會有更多後續力道。因此，缺口被視為某一走勢將可持續的好指標。

缺口的四種主要型態

型態	判別	解釋
突破缺口 (breakaway gap)	出現在走勢末尾，然後朝反向前進。	極其重要。通常最易判別且最能幫助交易獲利。
衡量缺口 (measured gap)	發生在趨勢中段，可據以找出走勢末端目標價位。	被用來代表走勢中點(50%)位置。
消耗性缺口 (exhaustion gap)	出現在走勢末尾，需在其本身出現後觀察走勢才能判定。如果價位跌回缺口範圍內，即可稱其為消耗性缺口。	儘管需待價格反轉才能判別，仍極其重要。通常出現在一重要上升或下降走勢的末尾，代表走勢反轉前的最後一陣市場混亂。
島型反轉缺口 (island reversal gap)	通常出現在向上走勢的消耗性缺口或向下走勢的衡量缺口之後，以留下孤立如島狀的區間得名。	強烈預示股價走跌。

圖4.33 缺口

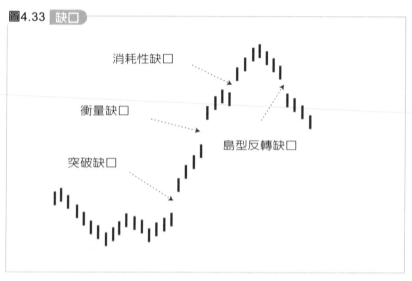

消耗性缺口

衡量缺口

突破缺口

島型反轉缺口

表4.17 PMC Sierra公司股價走勢缺口（2000年至2001年）

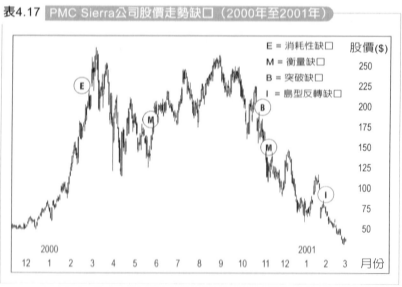

E ＝ 消耗性缺口
M ＝ 衡量缺口
B ＝ 突破缺口
I ＝ 島型反轉缺口

股價($)
250
225
200
175
150
125
100
75
50

2000
2001

12 1 2 3 4 5 6 7 8 9 10 11 12 1 2 3 月份

資料來源：TC2000.com 沃登兄弟股份有限公司

在表4.17中，2000年2月出現的消耗性缺口易於判別，惟需待價格跌至該缺口並跌破後才能真正判定。

2000年5月的衡量缺口可由其後出現的一段整理期判定。雖然在之後的一個月該缺口被回補兩次，但始終未跌破，並於6月底時上漲。2000年10月的突破缺口，出現在上升走勢回跌的末端，最後趨勢轉爲下跌。2000年10月底的衡量缺口，確認了前面的突破缺口和主要的下跌趨勢。注意在12月時曾有一段向上反彈，但未能回補這個缺口即又回復跌勢。2001年1月的島型反轉缺口也可以被視爲一個突破缺口，但還應注意在那幾天前有一個小的消耗性缺口。

很多人喜歡靠缺口判斷走勢，但缺口的問題是要等到「事後」才能做最佳判定，因此在沒有後見之明的時候，交易起來就顯得有點弔詭。就個人交易風格來說，筆者偏好先設定目標價，如果達不到，那大可小賠出場。或許你也可以參考筆者的作法，但建議各位先在紙上操兵一段時間，確實記錄你的表現。記住：缺口不見得永遠都能被回補，但「自然規律容不下眞空」，所以常常還是可見到缺口回補。塡補缺口可以這麼解釋，那就是在缺口出現後會有很多尙未成交的單，券商爲做生意會盡力去撮合。

成交量

成交量(volume)爲某一股票、期貨、商品等有價證券成交單位

數。成交量之所以是一個重要的指標，乃因為它能讓我們知道某一有價證券的供需狀況。價格下跌通常意味需求降低；反之，代表升高。利用成交量圖，你也可以做其他解釋。一般來說，如果沒有一個相當程度的成交量，某一價格走勢不會持續太久。反過來說，若走勢伴隨高且持續增加的成交量，則該走勢較有可能持續。成交量是價格的推動力量。

圖4.34　成交量與價格型態

若成交量與價格同向（同增或同減），即是多頭訊號。

◆ 若價格往上且成交量遞增，顯然價格會因為買單數漸增而受到推升力道，因此短期可能持續上漲。

◆ 若價格下跌而成交量亦遞減，代表對市場缺乏說服力，此時價格可能反轉向上。

若成交量與價格反向，即是空頭訊號。

◆ 若價格上升但成交量遞減，代表對市場缺乏說服力，此時價格可能反轉向下。

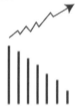

◆ 若價格下跌而成交量遞增，顯然價格受到賣壓，因此至少短期可能持續下跌。

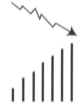

爆大量

當某一價格走勢持續一段長時間，期間多會見到爆大量(volume climaxes, volume spikes)的情況。如表4.18的亞馬遜公司(Amazon)走勢圖，可見到其股價從1999年12月起即處於下跌趨勢。注意每當其股價短暫上升或反彈時，事前會先爆出大量築出底部。另外，圖中的大量也發生在下降趨勢中出現的短暫新高。簡言之，爆量通常意味價格走勢反轉。

表4.18　亞馬遜公司爆大量（2000年）

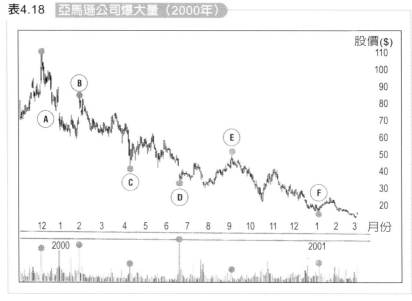

資料來源：TC2000.com 沃登兄弟股份有限公司

點	解釋
A	爆量意味長期上升趨勢結束
B	伴隨爆量出現反彈
C	爆量創新低，注意其後出現短暫反彈
D	爆量創新低，其後出現短暫反彈
E	小幅爆量結束反彈，重回主要的下跌趨勢
F	反彈後又創新低

上圖中可以見到眾多爆量點，且幾乎都與某一上升或下跌走勢結束並反轉有關。亞馬遜的股票本身波動就很大，而其高波動性部分即歸因於高成交量。

技術分析指標

除了各式價格走勢型態外，技術分析師還會運用許多技術指標。這些指標為典型數學公式，導因於價格變化，有時亦源自於成交量。

和所有的技術分析一樣，若不注意很容易便會迷失在術語和不同的技巧中。筆者只採用某一些型態或指標，很多交易者會用其他的方法，而有些人成功，有些人則失敗。本章的目的只是要讓各位知道一些現有的不同技巧和指標，日後好繼續研究。

移動平均線

　　移動平均線(moving average)是最為人所知、最常使用，也可說是最簡單的指標。**移動平均線僅是算出一段期間價格走勢圖中，收盤價的平均值。**以日線圖來說，40天移動平均線指的就是過去40個交易日每日收盤價的平均值。明天的移動平均線，即包含今天的收盤價，但不包括明天本身；同樣地，今天的移動平均線包括昨天，但不含今天。移動平均線最能使價格走勢平滑化，去掉一些「雜質」，像是異常的鋸齒震盪走勢。

　　移動平均線最常運用的方式乃是同時看兩條平均線：一條短期；一條長期。這觀念是基於當短期移動平均線向上穿越長期移動平均線，即為多頭訊號；而當短期移動平均線向下穿越長期移動平均線，即為空頭訊號。此處要提醒一點是：這種類型的移動平均線分析法，在價格呈現某一趨勢才最能發揮效用。此時運用長短期移動平均線的交叉，有助於決定趨勢是否結束和反轉，然對緊密震盪的走勢並不適用。

表4.19 亞馬遜公司股價10週和40週移動平均線（1997年至2001年，季線圖）

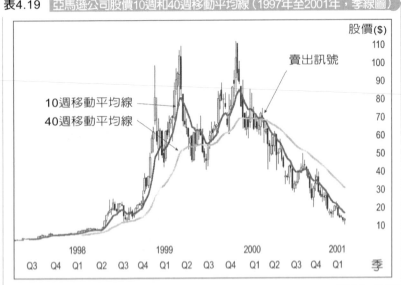

資料來源：TC2000.com 沃登兄弟股份有限公司

　　在表4.19中，10週移動平均線（較短的一條）移動速度較快，且較接近實際價格柱，而40週移動平均線則平滑得多。

　　根據移動平均線的交叉理論，可以見到在1998年時出現過一次買進訊號，直至2000年3月左右才出現賣出訊號。儘管價格大幅震盪，在此運用移動平均線指標會相當成功。不過，所謂的成功是因為選到這麼一支漲翻天的股票，而從日線圖來看可能就沒這麼明顯。

表4.20 亞馬遜公司股價10天和40天移動平均線（1998年至1999年，日線圖）

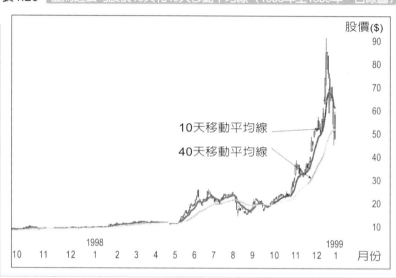

資料來源：TC2000.com 沃登兄弟股份有限公司

　　表4.20很明顯呈現上升趨勢。注意10天移動平均線分別在1999年的8月、9月（兩次）和10月跌破長期線，即便股價處在很強的上升趨勢。這些穿越可解釋為訊號，但不至於對你的投資造成傷害。

　　接下來看看之後的情況：

表4.21　亞馬遜公司股價10天和40天移動平均線（1999年至2000年，日線圖）

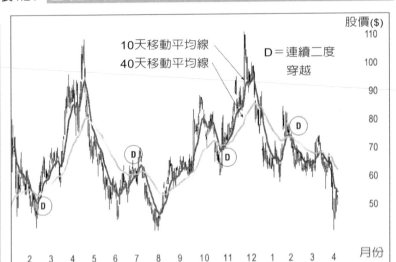

資料來源：TC2000.com 沃登兄弟股份有限公司

　　從表4.21可以看出，亞馬遜的股價上升趨勢停止，並打出了一個漂亮的雙重頂。但是看看長短天期移動平均線，交叉的頻率增加，且因為趨勢不再，移動平均線的效力大打折扣，反而令人困惑。

表4.22　亞馬遜公司股價10天和40天移動平均線（2000年至2001年，日線圖）

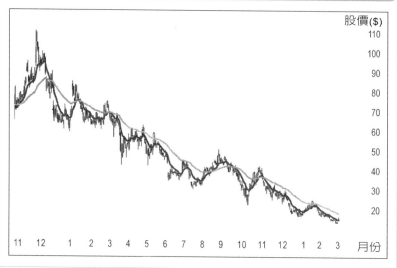

資料來源：TC2000.com 沃登兄弟股份有限公司

　　表4.22又重新顯現趨勢，只是這一次向下、長短天期移動平均線的連續雙重交叉變少，位置變得較爲明顯。

　　移動平均線的規則是：要在趨勢市場才能發揮最大效用（註1），在橫向整理市場中效用不大。好比下圖，若是根據FNM公司股價的1999年移動平均線爲基礎，一定會讓投資人無所適從！

註 1：筆者較偏好使用置換移動均線(displaced moving averages, DMA)。其優點不但可以選擇較短的移動平均期間，還可以剔除異常價位。最常被使用的移動平均線包括200天、50天、40天、20天和10天期，但筆者並不使用。

表4.23　FNM公司股價10天和40天移動平均線（1999年，日線圖）

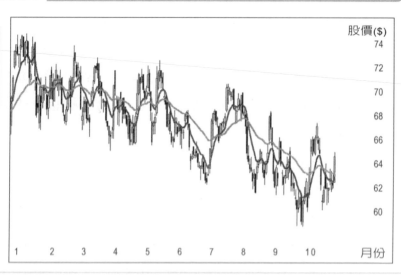

資料來源：TC2000.com 沃豐兄弟股份有限公司

平滑異同移動平均線

平滑異同移動平均線(moving average convergence divergence, MACD)其實僅是針對同一期間價格走勢兩條移動平均線間關係的衡量指標，其代表的是兩條價格移動平均線間差異的移動平均值。因此，也可以說它衡量的是價格變化的動能(momentum) (Appel, 1979)。當兩條移動平均線愈離愈遠（背離），即意味動能增加。由於MACD衡量的是兩條移動平均線間關係，因此可作爲指點趨勢的指標。這也是前面說過，移動平均線的最佳使用時機爲：當趨勢型

態顯現而非價格整理期。

MACD可以用各種不同方式解讀，有些交易者偏向將它視為一種柱狀圖，並將它解釋為一種背離指標(divergence indicator)，另有人會將它看成走勢線。在此介紹三種主要的MACD解讀方法：簡單交叉(simple crossover)、超買／超賣(overbought/oversold)、背離(divergence)。

> **簡單交叉**：當MACD穿越基準線（零線）即是一種訊號。其基本觀念是當MACD向上突破基準線，代表移動平均線向上交叉；反之，則會向下交叉。

> **超買／超賣**：短天期移動平均線愈偏離長天期移動平均線，即愈可能代表該證券超買或超賣。在這種時候，該證券價格可能已過頭並將會拉回。

> **MACD背離**(Elder, 1993)：背離的意思是價格走勢並未反映在MACD走勢中；反之亦然。分析MACD的一個常用方法是看價格是否創新高，而MACD卻未創前高（或者將順序反過來）。

MACD背離有兩種主要解讀方式：

1. 當MACD創新低，但價格卻未創低點，即稱為**空頭背離**(bearish divergence)；當MACD創新高，但價格卻未創高點，即稱為**多頭背離**(bullish divergence)。要看MACD是否到了超買或超賣的水準，這些背離是最重要的指標。

2. 看MACD的頂點或谷底是否與標的價格的頂點或谷底出現在不同點。規則之一是，若價格的頂點逐漸墊高但MACD的頂點卻逐漸下落，即代表出現背離，此時要準備迎接趨勢反轉。

表4.24 PMCS公司股價走勢和MACD走勢（2000年）

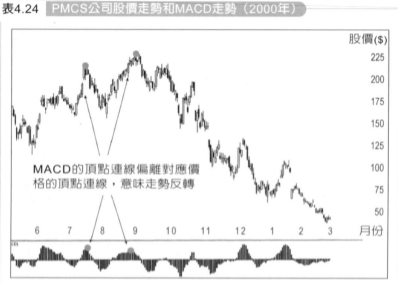

MACD的頂點連線偏離對應價格的頂點連線，意味走勢反轉

資料來源：TC2000.com 沃壘兄弟股份有限公司

在表4.24中，MACD柱穿越基準線很容易判別，因為它只在基準線的上下方游移。由於價格變動劇烈，超買和超賣區也很易於辨識，而且還可以很容易地看出背離規則之一。將兩個價格高點連成一條線，其為一條向上的斜線。再把兩個MACD的高點連成一條線，其為一條向下的斜線，這就是背離，而它可解釋為價格走勢即將反轉。注意：沒有哪一種價格型態或指標永遠準確，在此我們只

做概述。另一個解讀MACD的方法是光看MACD線本身和其平均值線。當MACD線向下穿越其平均值線，即可能爲空頭訊號；反之，若向上穿越即爲多頭訊號。

表4.25 PMCS公司MACD線走勢（2000年）

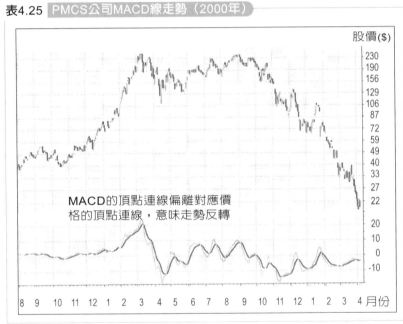

MACD的頂點連線偏離對應價格的頂點連線，意味走勢反轉

資料來源：TC2000.com 沃登兄弟股份有限公司

隨機指數

隨機指數（Stochastics，亦名KD值）是一個震盪值，用以決定市場是否已超買或超賣，和許多技術分析指標一樣，KD值最好連同

其他能顯示市場趨勢的指標和型態一起使用，請參見裘‧迪納波里
(Joe DiNapoli)於1998年所著的《*Trading with DiNapoli Levels*》和
www.fibtrader.com網站。

　　隨機震盪指數衡量的是某證券收盤價（某一時期價格）及其高
低點的關係，其包含兩個數值：%K和%D，範圍爲0%至100%。0%
代表收盤價爲過去一段期間的最低價，100%代表收盤價爲過去一段
期間的最高價。

　　許多交易者把25%和75%當做判斷市場超賣或超買的臨界線。
但這麼做可能會錯失一大段下跌或上漲行情（視作多或作空而定）。
另一個問題是，市場的趨勢延長或持續常常不會使隨機指標突破
25%或75%界線，因此難以將這樣的界線當成有用訊號；也就是隨
機指數是一個常被錯誤解讀的指標（詳細資訊可參見伯斯汀
(Bernstein)在1987年或藍(Lane)在1984年的著作）。另一個交易者常
用以解讀訊號出現的地方，乃是當K線與D線發生交叉時。當變化快
速的K線向上穿越較慢的D線時，即爲多頭訊號；反之，若向下穿
越，則爲空頭訊號。箇中祕訣是要選出適當的時間帶和隨機參數。

　　如果各位想完全了解隨機指數，建議各位再深入研究。若使用
不當，反而是一件危險的事。許多交易者對隨機指數僅一知半解，
所以常會誤用而不成功。在此只是簡單介紹技術指標工具，讓各位
能判別價格走勢，據以選擇適當的選擇權交易策略。技術分析包容
極爲廣泛，第一步最好先熟悉一些主要的型態和指標。

相對強弱指標

相對強弱指標(The relative strength index, RSI)，由魏爾斯‧韋爾德(Welles Wilder)所發明，也是一種分析市場超買或超賣的指標。以50%為其中線，多數人會在此線之上買進，在此線之下賣出。RSI指標衡量的是某一證券走勢力道強弱，而不做兩種證券的比較。其數值範圍介於0和100，根據價格計算得出。和MACD分析法類似，RSI的常用分析法之一亦可判斷當價格創新高時，是否出現背離，RSI是否無力突破前高值。若發生此種情況，意味走勢可能將反轉。有人也把RSI當成類似支撐和阻力、頭肩或三角形等的圖形型態，但不見得一定能看得出來。

通常當RSI超過70代表其值已觸頂，低於30則代表觸底，且走勢常領先價格本身。問題在於因為RSI有其最大值和最小值，因此在強勢市場走勢中可能造成誤導。如果說RSI為10，此時正處於強勢的下跌趨勢，則RSI只剩10點可跌，而市場的跌幅可能還會更大。若RSI為90，此時正處於強勢的上漲趨勢，亦是類似情況。

不同觀察時間帶

　　這是一個必須了解的重要觀念，當觀察的時間帶不同，走勢圖型態和指標即可能出現很大的不同。基於這一點，獲得的訊號也會不同，因此在解讀技術指標的時候，一定要考慮參考的時間帶。

　　看看下面的走勢圖：

表4.26 花旗集團6個月日線圖（2000年至2001年）

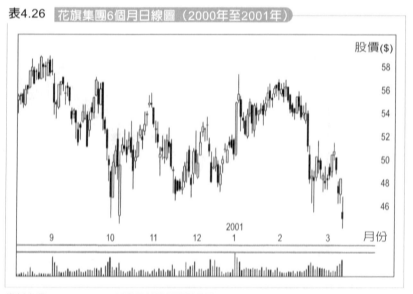

資料來源：TC2000.com 沃登兄弟股份有限公司

　　光用肉眼看，上表4.26看起來是屬於區間震盪。10月份的低點一度被突破，而到3月14日的收盤高於10月時的低點。在這段期間，看不出明顯的未來走勢訊號，需要有更明確的圖形才看得出。

看下面的12個月週線圖就會比較清楚。

表4.27　花旗集團12個月週線圖（2000年至2001年）

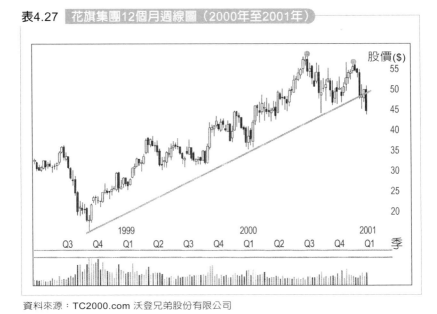

資料來源：TC2000.com 沃登兄弟股份有限公司

　　從上表4.27可以清楚看出，在9月和1月出現雙重頂，雖然沒有
其他任何特殊型態，但如果是筆者交易這支股票，就會從1月開始謹
慎。見到雙重頂，會讓筆者懷疑股價可能繼續下跌，當中也許有反
彈，但短暫過後仍會續跌。

　　再次重申，當一個型態的期間持續愈長，其結構愈穩固且愈重
要。重點在看圖形時，永遠都要觀察不同的時間帶。下表提供各位
讀者參考，看看不同類型的交易者應該注意什麼樣的時間帶。

交易者類型	應注意的時間帶	應把握的交易時間
當沖者	◆ 每一跳動點	◆ 5分鐘
	◆ 5分鐘	◆ 30分鐘
	◆ 30分鐘	◆ 60分鐘
	◆ 60分鐘	
	◆ 每天	
	◆ 每週	
以日為交易重點者	◆ 60分鐘	◆ 每天
	◆ 每天	◆ 每週
	◆ 每週	
	◆ 每月	
以週為交易重點者	◆ 每天	◆ 每天
	◆ 每週	◆ 每週
	◆ 每月	◆ 每月

其他技術分析名詞

名稱	意義	解釋
波林傑通道 (bollinger band)	波林傑通道指的是以移動平均線為基準所繪出標準差線條。由於標準差是用來衡量波動性，因此波林傑通道被視為具有波動自我調整性。將波林傑通道置於價格圖中，可解釋為價格都將位在此通道內。	波林傑通道在價格高度波動時會放大，反之會收縮。有觀察顯示，當波林傑通道極度緊縮時，可預期會出現劇烈價格變動。另外，還有很多其他觀察結果不在此詳述。預知詳細資訊，可瀏覽以下網站：www.bollingerbands.com

名稱	意義	解釋
騰落指標 (advance/ decline line)	騰落指標用來衡量市場廣度，僅把上漲／下跌家數加總比較。	當上漲家數多於下跌家數，騰落指標為正數，反之為負數，可因此衡量市場廣度。道瓊工業指數(Dow Jones Industrial Average, DJIA)僅採樣30支股票，雖然是各指數的龍頭，但代表性有限。那斯達克指數是科技股的加權指數，同樣代表性亦不足。因此，利用騰落指標可有效衡量市場整體的強弱態勢。
動能 (momentum)	動能衡量的是某證券價格在一特定時間帶中的變動幅度。	
艾略特波浪理論 (Elliott wave theory)	此理論講的是股價會呈現重複性的波浪型態，可用以預測股市走勢。事實上，艾略特本人相信，這些波浪會影響所有的人為活動。	艾略特波浪理論的一些基本觀念可以在費波那契數列中找到。筆者覺得較有用的研究心得來自甘氏理論和費波那契數列。艾略特波浪理論的問題是波浪的判斷為主觀性，通常支持此理論者對波形的開始與結束看法並不一致。雖說就事後來看，艾略特波浪理論還蠻準確的，但畢竟在市場上當事後諸葛並沒有用。

名稱	意義	解釋
人氣指標 (on balance volume, OBV)	人氣指標用來衡量成交量，其假設為若當天上漲，所有成交量皆為上漲量；若當天下跌，則所有成交量皆為下跌量。人氣指標為一領先指標，因為它在價格走勢確立前，先顯示資金流向。若價格驟升，人氣指標並未伴隨上揚，則漲勢無法確立。	
標準差 (standard deviation, SD)	標準差是波動性的統計衡量。在技術分析中，多半結合其他指標使用，如波林傑通道。	當價格持續劇烈波動時，會出現高標準差數值；反之，會出現低標準差。注意和波動高低點對應的主要頂部和底部。
新高／新低 (new highs/new lows)	顯示股價創52週高點的股票數目和創52週新低股票數的比值。	
12個月高點 (12-month high)	股價在過去12個月達到的最高價。	
12個月低點 (12-month low)	股價在過去12個月達到的最低價。	

名稱	意義	解釋
賣權／買權比 (put/call ratio)	此為另一個衡量市場廣度的指標，反映在賣權和買權的數量比，假設賣權代表看空，買權代表看多，其實並不竟然，因為買賣權可以透過各種不同組合建立避險功能。	賣／買權比愈大，代表市場人士看法愈悲觀，此時反而可視為進場的好時機，當然還需要和其他指標結合。
未平倉量 (open interest)	未平倉量指在某一時點尚未履約的選擇權或期貨契約數。未平倉契約乃是尚未履約、結倉或準備放至到期日的契約。當交易的相對兩方建立新部位，交易永遠都有相對的兩方，未平倉量增加，當既有契約被結算時，未平倉量減少。	未平倉量純粹用於衡量流動性，或是某一證券選擇權或期貨的交易活動。採用此指標者相信，未平倉量和成交量同步增加，代表目前趨勢確立。另一方面，未平倉量和成交量同步減少，代表趨勢即將反轉。
焦慮指數 (VIX)	焦慮指數衡量的是標準普爾100(Standard and Poors 100)指數的波動性。	一般來說，當市場走升，焦慮指數偏低；而當價格快速下滑，焦慮指數偏高，則反映交易商和投資人的惶恐程度增加。有些交易者把此一指標視為進出市場的反向指標。他們認為，當焦慮指數高時，代表多數賣方已退場，此時正是買進的好時機。因

名稱	意義	解釋
（接上頁）		此市場有句話說：「焦慮指數高的時候進場，焦慮指數低的時後出場。」

上面所介紹的只是一些較為人所知的技術指標，較簡單易懂。有關各種技術指標和圖形型態的詳細介紹，網路上有很多網站可以參考，例如：www.stockcharts.com。

快速掃描

想持續增進交易技巧，技術分析的重要性不可言喻。最佳的選擇權策略就是抓對市場與證券走勢，但這只能算部分答對。老實說，即便你的方向錯得離譜，但犯錯後又沒有採取適當行動，才是真的問題所在。本書的目的是增加你成功的機會。這需要下苦功，不要被別人騙了！交易吸引人之處在於它會令人著迷，所以筆者傾向把它當做嗜好而非工作。

許多投機者對投資交易根本不去花費力氣研究，這和亂猜或賭博沒有兩樣。此處所介紹的只是一個開始，很多技術分析師運用不同的指標和圖形型態，創造出不同程度的成功。而要讓交易成功不是非得諾貝爾獎得主才做得到，但多數靠技術分析的成功交易者，都對他們使用的指標了解透徹。

以下是一些本章所提到的圖形型態和指標彙整，並加上筆者對它們的用處評價。

圖形型態	突破或反轉	落後／領先指標	評等（A至E）
支撐和阻力	皆是	皆是	A
雙重／三重頂（底）	反轉	落後	A
頭肩型態	反轉	落後	D
三角旗形和三角形	皆是	領先	B
旗形和楔形	突破	皆是	D
趨勢線	皆是	皆是	B
費波那契回歸和擴展	皆是	領先	A
甘氏理論	皆是	領先	A/B
缺口	皆是	落後	B
成交量	皆是	領先	A

指標	突破或反轉	落後／領先指標	評等（A至E）
置換和標準 移動平均線	皆是	落後	A*
MACD	反轉	落後	B**
隨機指數	反轉	落後	B***
相對強弱指標	皆是	落後	B

 *置換移動平均線應獲A評等，筆者認為一般的移動平均線僅有C等。
 ** 這要看MACD如何被解釋，筆者偏好將之與其他指標結合，並不使用一般典型的用法，因此只給B等。
 *** 同樣也要看隨機指標如何被解釋和如何與其他指標配合使用。

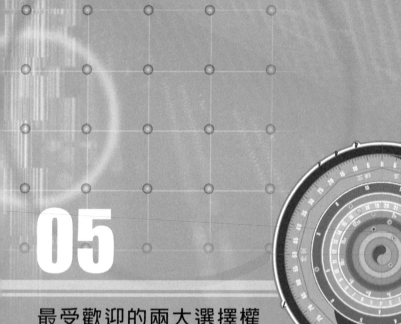

05

最受歡迎的兩大選擇權 策略及改進法

本章利用台灣指數選擇權為範例，透過奇狐選擇權軟體介面的解說運用，相信能讓讀者對於選擇權策略有更深入的了解，以下為本章內容提示：

在第一節組合式買權上，先就「選擇權平價理論」做了初步的介紹，並利用不同履約價Put選取的差異性做比較解說。

而第二節受保護買權，可利用在法人投資組合避險，或一般股票長期套牢的投資人可利用個股選擇權，來縮短解套期間。

第三節典型上下限策略，屬較為特殊的策略，基本上是股票與個股選擇權之合併運用，只可惜台灣個股選擇權市場流通性差，利用此策略的機會不多，但其內容並可引申為投資組合避險的新觀念，以利台灣投資人或法人實務運用。

組合式買權

所謂組合式買權，指的是買進期貨並且買進Put的一個組合策略，完成後其風險結構類似爲一個買進Call的部位，其結構拆解見圖5.1：

圖 5.1 **組合式買權**

買入股票　　　　+　　　　買入賣權　　　　=　　　　組合式買權

當然透過奇狐選擇權介面的操作，也能明白整個組合的結構與步驟，請參見圖5.2。

問題： 看多而買進台指期貨時，爲避免大盤重挫而作避險，該怎麼做？

答案： 同時買入一個Put與原來期貨買單做組合，此種買進期指並買入Put的組合，稱爲組合式買權(Synthetic Call)，或許有讀者會問：爲何明明只有交易Put何來的買權呢？其實選擇權中有一個重要定理爲「選擇權平價理論」(Put-Call Parity)，其公式爲：

$$C＋K＝F＋P$$

圖 5.2 組合式買權

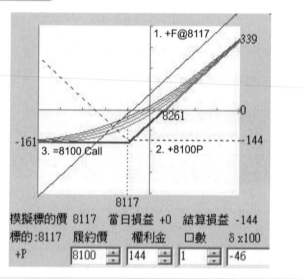

其中C為買權、K為履約價、F為標的物台指期、 P為賣權。

公式經過移項後可導出：

$$+C-P-F+K=0$$

$$(+C-P) = (F-K)$$

用文字解釋就是將相同履約價的買賣權相減，必為期貨價減該履約價格的值，如果不相等甚至差距過大超出交易手續費，套利者便會進場，讓價格回復合理狀態，套利的行為同時會用到買權賣權與期貨，假設在價平區交易，則公式可進一步簡化為：

$$+C-P-F=0$$

回到上面的問題關於組合式買權，透過移項將P與F移到等號右

邊得：

$$+C＝+P＋F$$

便可得知答案：買進期貨加上買進Put便等同一個買進Call。以下附圖進一步解釋「選擇權平價理論」。

圖 5.3　報價畫面與套利空間

:0.684 +0.002 Put/Call成交:	距到期日數:6　標的物價:8117					
成交量總:273009			200803		Put買權	未平倉
漲跌	成交價	CRD	履約價	CRD	成交價	漲跌
-30.00	24.00	-13.00	8500	13.00	420.00	60.0(
-40.50	42.50	-2.50	8400	2.50	328.00	37.0(
-49.00	69.00	-3.00	8300	3.00	255.00	25.0(
-58.00	110.00	0.00	8200	0.00	193.00	18.0(
-76.00	150.00	-11.00	8100	11.00	144.00	10.0(
-78.00	212.00	-10.00	8000	10.00	105.00	5.0(
-77.00	295.00	4.00	7900	-4.00	74.00	0.0(
-69.00	371.00	1.00	7800	-1.00	53.00	0.0(

上面即為奇狐選擇權軟體的報價畫面，注意表頭的套利空間(CRD)就是＋C－P－F＋K的值，理論上應為零，若差異過大便有套利空間，以8200履約價為範例推算

$$+C－P－F＋K＝110－193－8117＋8200＝0$$

由此表可得知，在交易熱絡的區間附近，CRD的值幾乎接近零或僅有極小的差異，由此可知，台指期選擇權市場是具有高流通與效率性的，短期價格的異常造市者都願意透過選擇權平價理論來進行套利交易，進而讓價格回復合理狀態。這個重要的觀念將對架構

多樣性的選擇權策略有著極深的影響，將在往後的章節詳加論述。

問題： 這個賣權的履約價應該是多少呢？

答案： 這要看個人的風險偏好程度，通常為價平或一、兩個履約價
外的Put，以2008年3月14日為例來解說：

當時期貨在8117，我們分別加入8100與8000兩履約價Put，將兩
者風險結構圖相比較，見下圖：

圖 5.4 不同履約價比較

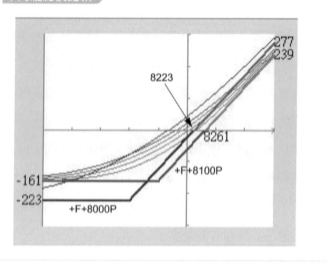

由上圖可得知，當原來的期貨8117多單加入履約價8100 Put之
後，此一類似買進Call的組合部位最大風險為－161點，當到期結算
時，其損益平衡點在8261；另一為8117期貨買單加入價外8000 Put
之後，此一類似買進Call的組合部位最大風險為－223點，當到期結

算時，其損益兩平點在8223。

以風險端比較，買進價平8100 Put的組合式買權，其最大虧損比買進價外8000 Put的組合式買權占優勢（223－161＝62點）。

而以利潤端來說卻是相反的情況：加入價外8000 Put比加入價平8100 Put的組合式買權較快達到損益兩平點，其差距為38點（8261－8223＝38點）；這就是當想快速獲利，便得多付點代價；想減少虧損，就得忍受較慢獲利的好例子，取捨之間，端視個人對風險利潤的趨避程度。

補充一點，剛才範例若從另一角度看，捨棄38點的獲利速度可以換來62點的減少損失之價平8100 Put組合式買權不失為可以參考的選擇。其實重點在未來行情波動性是否會增加，這課題將於討論權利金敏感度分析的章節做進一步論述。

本節可以說是踏入變化萬千的選擇權策略的大門，回顧本節，透過解說選擇權平價理論與利用奇狐選擇權介面操作，利用淺顯易懂的範例來引導讀者，筆者也將在往後章節大量運用其狐選擇權介面多樣性功能來加深讀者的印象。

受保護買權

　　所謂受保護買權，指的是買進期貨並賣出Call的一個組合策略，完成後其風險結構類似為一個賣出Put的部位，其結構拆解見圖5.5：

圖 5.5　受保護買權

| 買入股票 | 賣出買權 | 受保護買權 |

　　當然透過奇狐選擇權界面的操作，也能明白整個組合的結構與步驟，請參見圖5.6。

　　讀者還記得上節提到的選擇權平價理論中，其簡化公式為：

$$+C-P-F=0$$

　　所謂的受保護買權步驟為先買進期貨，然後賣出Call，可依上面的簡化公式將其操作步驟移至等號右邊，其餘移至左邊，於是得到：

$$+F-C=-P$$

　　得知當買進期貨同時賣出Call，其結果等同一個賣出Put。

　　至於何時運用此一策略呢？可分為兩種交易者：

圖 5.6 受保護買權

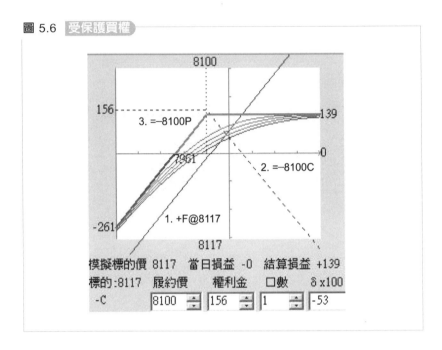

第一種是買進期貨的交易者：

　　當他利用技術分析判斷台指在底部區已落底多時，並且呈箱型走勢來回擺盪，不確定行情下一步到底是向上噴出？還是又遇到箱頂而折返吞噬原有作多的利潤，此時可利用這策略，在箱型相對高檔區賣出價外一至二檔Call，收取權利金，當後續兩種情況發生時：

　　1. 行情向上噴出，雖會造成原來賣出Call的虧損，但因原始具有買進期貨的獲利部位，所以整體結果便如同上圖是具有一水平的最大獲利區間的部位。

　　2. 橫盤擺盪至到期，則因選擇權時間價值耗損的利潤，可比原

先的買進期貨多了一筆利潤，補貼心理折磨。

請記住：受保護買權策略，其風險結構在當行情一路下跌時，下檔虧損風險是無限的，所以除非您對行情將不再破底抱持極大信心，不然還是建議謹慎為之，或者需有後續配套連環計策，例如，最簡單的後續修補策略就是破底便立即賣出原先期貨多單，保留sell Call部位以補貼停損之虧損，所以請讀者記住，此受保護買權建構的「鞍點」，或是風險結構圖的損益兩平點，應該為一決定性的底部價區，一跌破便新空起跌，其他進一步連環計策略在此按下不表。

第二種使用受保護買權的交易者為持有股票部位的人：

台灣期交所推出的個股選擇權商品，其實便具備可以組成受保護買權的功用，只可惜交易流通性不足，但是主管機關在結算規則有修訂，股票持有者當其行使賣出買權的交易時，可以用其本身已有的庫存股票交割（一般是套牢已久的）對於以前只能等待解套的漫長歲月，透過保護性買權策略，可以縮短解套期對於股票深度套牢的投資者不失為一福音。

台灣期交所網站有針對受保護買權的股票交割方式做解說，請參考以下網頁：http://www.taifex.com.tw/chinese/5/5_1_a.htm。

有關實際操作簡介，個股選擇權每單位對應5000股之標的物股票，交易月份為3、6、9、12四個季度交易月份，若是你想交易的商品履約價無報價或交易參與者，請不用客氣，通知你的期貨營業員，請他透過詢價系統命令造市者提供買賣價報價給予參考交易，

這是合理的要求,投資人的權利請善加利用。

　　繼續探討當買進期貨加上賣出買權時,所選用的賣出買權履約價不同會有何影響?前面提及的範例是賣出價平8100 Call,若賣出價外8200 Call兩者風險結構有何差異?以下利用奇狐選擇權介面來建構兩者比較圖:

圖 5.7　不同履約價比較

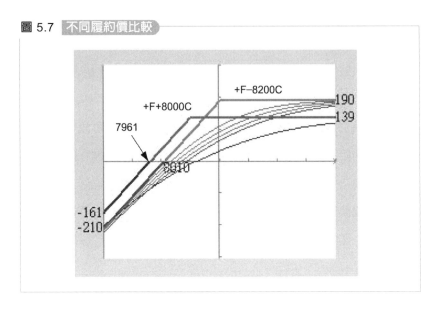

　　由上圖5.7可知,若賣價外8200 Call會獲得比較大的最大結算正報酬190點,但損益平衡點的風險較大,在結算時只要低於8010便會虧損,兩者風險與利潤比約略相同,選擇價外或價平的Call來賣端視投資人的風險偏好。

　　寫到這裡,根據前面的例子應可以感受到分析工具對交易的重

要性，透過奇狐選擇權分析軟體，可以輕易地在決定交易之前試算出最適合自己的策略、風險與報酬的規劃，在此也要感謝奇狐資訊公司對本書的支持，本書讀者可透過與奇狐的聯繫獲得免費軟體試用，相信加上實際軟體的操作，應可幫助大家對選擇權有更深入的了解。

如何改進受保護買權

受保護買權的問題在於它有相當大的下檔風險。筆者並不喜歡這種45度向下的斜線風險，那又該怎麼做以限制這樣的風險？答案是買一個保護賣權，這種進階策略稱為上下限策略(collar)。上下限策略的方式有好幾種，在此只介紹利用簡單的買入賣權。

如果你喜歡使用受保護買權，但又希望減少下跌風險，下面的步驟值得參考：

1. 了解你的交易狀況和希望持有股票的時間（如6個月）。

2. 買入股票。

3. 以1個月為期賣出各月的買權。

4. 買入一個保護性賣權，期間定在你打算持有股票期間的一半。

這麼做有點像做融資交易：買進資產予以融資（賣出每個月份的買權）；替交易買保險（買入保護性賣權）。之所以只建議買進預期投資時間一半的保險（賣權），是因為買入的賣權會拉高損益平衡點，若它距離到期日愈長，拉高的幅度愈大。隨著賣權愈接近到

期，如剩下3個月，應愈可以確定股價的表現是否符合預期，如果不是，也許就該檢討對該股的分析。

此外，賣權的履約價該選擇多少？這要看你希望買的保險有多少。就筆者而言，這個賣權是為避免股價大跌買進的保險，因此會選在明確、事先找好的支撐點附近，一般來說，會低於眼前的股價。對於交易一定要事先規劃妥當，找出與你期望持有時間配合的支撐和阻力。每筆交易都是一個商業交易，因此都該保持同樣的謹慎。好的交易和投資就是要懂得轉化問題為自己創造利益。事前規劃才能採取正確行動。

特別注意！

買入保護性賣權後產生的淨效果，可以在賣權到期前限制下檔損失。不過買一個3個月期的賣權，成本可能高於賣出1個月買權收進的權利金；也就是在你下單時需要評估一下你的投資狀況，至少在賣權到期前，你需要逐月出售買權，這樣才有意義（以免做賠本操作），這也是在你下單時需要評估的投資狀況的原因（註1）。

註 1：另一種可考慮的方法是操作傳統上下限策略，最適合到期日在1年以上的策略，屬於長期交易。其中涉及的交易包括：買進股票或作多期貨、出售長期價外買權，並買入與到期日盡可能接近價平的長期賣權。如此即可以真正創造一個技術上無風險、上檔有限的交易部位。

典型上下限策略

典型上下限策略為創造一個風險極低的交易部位所設計。在某些情況下，交易者甚至能夠享受零風險 (註2)。這聽起來有點像在做夢，但確實可能，只是你必須如筆者所建議的：一面買進股票，一面交易買權和賣權。場內交易員不會樂見你成功執行這樣的交易，儘管報酬並不會特別高。要讓這樣的交易成功，需要一套長期策略。選擇權到期至少要1年以上，也是一般所稱的長期股權預期證券 (Long-term Equity AnticiPation Securities, LEAPs)。基本上LEAPs就是指到期日很長的選擇權 (註3)。

操作策略如下：

1. 買進股票　　　　　　　　　　　（買進資產）
2. 買履約價貼近股價的LEAPs賣權　　（當成保險）
3. 賣價外的LEAPs買權　　　　　　　（減低成本）

註2：　一般零風險只適用於到期時的部位。
註3：　股權LEAPs是一種普通股或美國存託憑證(ADR)的長期選擇權，標的公司都在證交所或店頭市場掛牌。股權LEAPs的到期多在股票初次掛牌的2、3年後到期。若股權LEAPs的標的物標準選擇權到期週期為1、2、3月，則在5、6、7月到期日後，LEAPs即歸入標準選擇權。

上下限策略

買進股票　＋　買價平LEAPs賣權　＋　賣價外LEAPs買權　＝　上下限部位

成功創造上下限策略部位的技巧

風險

要當一個「無風險交易者」，要確定賣出買權賺進的權利金減去買進賣權付出的權利金，加上股價減去賣權履約價，等於零或負值。如此，你的風險將限制如下：

〔賣出買權賺進的權利金〕－〔買進賣權付出的權利金〕＋

〔股價－賣權履約價〕

如果計算後能得出零或負值，即代表交易部位零風險。

報酬

上下限策略的最大報酬限於買權履約價減去賣權履約價，再減去交易風險（如上所述）。

〔買權履約價〕－〔賣權履約價〕－交易風險

損益平衡

買股成本－〔賣出買權賺進的權利金－買進賣權付出的權利金〕

可能報酬與採用上下限策略時機

如果你想要用低或零風險交易操作策略，就不要預期會得到高報酬。風險和報酬永遠是一得一失，上下限策略也是一樣。以我的經驗，的確能夠利用零風險的上下限策略面對一支高波動性的股票，在18個月的時間賺進超過20%的最大報酬。如果你想鎖定最低報酬，那麼最大可能報酬一定會下降。顯然願意承擔的風險愈高，上檔報酬愈大。

找尋適合用上下限策略的股票準則如下：

▸ 高波動性。

▸ LEAPs距離到期要在1年以上。

▸ 股價在強勁支撐點上。

當你面臨不能再虧損，卻又想給自己一個從市場賺錢機會的時候，上下限策略特別有用。但若你所挑的選擇權到期日在1年以內，很難做成零風險的上下限部位。到期日約在18個月最為適當，也有機會找到適合的股票。要注意的是，這種策略不適合在到期日前早早了結。在時間價值的效用下，上下限策略的零風險價值要到接近到期時才會顯現。即便碰到股價大幅高於買權履約價，若離到期還有1個月以上，你也不太可能被要求履約。

範例 5.1

下面是雅虎公司(Yahoo Inc.)在2001年4月20日的各選擇權報
價，讓我們利用這些來建立一個上下限部位：

YHOO - YAHOO! INC								
Last Trade	Net Change	Bid	Ask	Day High	Day Low	Volume	Trade Time	
19.61	-8.35	19.60	19.61	20.99	19.50	4,717,100	10:48:33	News/Chart

Filter By

Month: January & LEAPS   And/Or   Strike Price: Equal To   Search

Calls			Last	Change	Bid	Ask	Volume	Open Inerest	Puts			Last	Change	Bid	Ask	Volume	Open Inerest
Jan	5	2003 QYOAA	15.40	0	15.10	15.80	0	145	Jan	5	2003 QYOAA	0.65	0	0.35	0.80	0	97
Jan	7.5	2003 QYOAU	14.20	0	13.30	14	0	106	Jan	7.5	2003 QYOAU	1.30	0	0.90	1.15	0	39
Jan	12.5	2003 QYOAV	9.50	0	10.50	11.30	0	151	Jan	12.5	2003 QYOAV	2.95	0	2.05	2.95	0	208
Jan	15	2003 QYOAC	9.90	0	9.80	10	0	991	Jan	15	2003 QYOAC	4	0	3.75	4.40	0	986
Jan	20	2003 QYOAD	8.70	0	7.00	8.30	2	1,155	Jan	20	2003 QYOAD	7	0	6.60	7.10	0	2,211
Jan	25	2003 QYOAE	6.80	0	6.40	5.90	0	1,823	Jan	25	2003 QYOAE	10.20	0	10	10.50	0	1,380
Jan	30	2003 QYOAF	6.00	0	5.00	5.00	4	2,255	Jan	30	2003 QYOAF	13.70	0.80	13.70	14.40	50	1,617
Jan	35	2003 QYOAO	4.20	0	4.50	5	0	583	Jan	35	2003 QYOAO	22.25	0	17.70	18.40	0	105
Jan	40	2003 QYOAH	4.50	+0.60	3.80	4.20	10	1,719	Jan	40	2003 QYOAH	24.75	0	21.80	22.80	0	636
Jan	45	2003 QYOAI	3.30	0	3.30	3.70	0	315	Jan	45	2003 QYOAI	30.60	0	26.20	27	0	758
Jan	50	2003 QYOAJ	3	+0.05	290	3.20	50	740	Jan	50	2003 QYOAJ	34	0	30.70	31.50	0	311
Jan	60	2003 QYOAL	2.10	0	2.10	2.40	0	738	Jan	60	2003 QYOAL	44.70	0	40.10	4.90	0	413
Jan	65	2003 QYOAM	1.85	0	1.85	2.10	0	198	Jan	65	2003 QYOAM	49.40	0	45	45.80	0	75
Jan	70	2003 QYOAN	1.85	+0.10	1.50	1.85	0	2,753	Jan	70	2003 QYOAN	54.70	0	50	50.80	5	233
Jan	75	2003 VYHAO	1.55	0	1.35	1.60	0	1,503	Jan	75	2003 VYHAO	59.70	0	54.90	55.90	0	580
Jan	80	2003 VYHAP	1.30	0	1.25	1.50	0	859	Jan	80	2003 VYHAP	66.50	0	59.90	60.90	0	0
Jan	85	2003 VYHAQ	1.10	0	1.05	1.30	0	1,471	Jan	85	2003 VYHAQ	68.50	0	64.90	65.90	0	5
Jan	90	2003 VYHAR	1	0	.90	1.15	0	590	Jan	90	2003 VYHAR	75.75	0	69.90	70.90	0	21
Jan	95	2003 VYHAS	0.85	0	0.95	1.10	0	2,102	Jan	95	2003 VYHAS	80	0	74.90	75.90	0	1
Jan	100	2003 VYHAT	0.95	0	0.75	1	0	1,341	Jan	100	2003 VYHAT	79.90	0	79.90	80.90	0	8
Jan	105	2003 VYHAA	0.75	0	0.55	0.90	0	1,100	Jan	105	2003 VYHAA	88.88	0	84.90	85.90	0	0

我們的作法是：

1. 以$19.61的市價買進股票 （買進股票）

2. 以$7.1買進2003年1月到期、履約價$20的賣權 （當成保險）

3. 以$6.4賣出2003年1月到期、履約價$25的買權 （減低成本）

低風險上下限策略風險輪廓

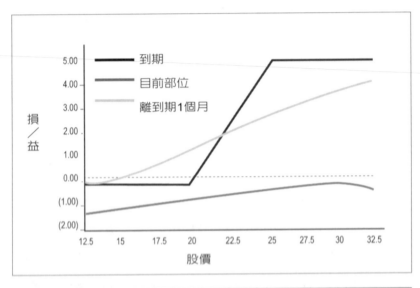

範例5.1之低風險上下限策略

淨成本	$20.31
最大風險	$0.31
最大報酬	$4.69
損益平衡	$20.31
最大風險收益率	604.2%
最大淨成本收益率	20.7%
最小風險收益率	無*
最小淨成本收益率	無*

請注意：最大風險、最大報酬和損益平衡數字乃自到期部位計算得出。

*此處的最小收益率可能為負值。

我們可以看出，基於承受風險可獲得的最大報酬率相當高（為604%），儘管相對於投資成本的最大收益率僅有20.7%。其年度基準的報酬率雖然有11.39%，但股價只需要漲過$25即可，且實際上幾乎沒有任何風險，只有淨成本的1.5%（$0.31÷$20.31）。

範例5.2

請注意：我們在此處的交易都是基於市價，也就是買在賣價，賣在買價。即便如此，風險仍只有$0.31。若是利用限價單，事實上我們還可以連這一點風險都消除，作法是在結合選擇權時使淨成本變成$0.39，而不是原來的$0.7（賣買權$6.4，買賣權$7.1）。

雖然交易變成零風險，但別忘了我們手中還有股票。「目前」部位風險雖是負值，但可以見到隨時間經過呈現向上走勢。位於中間的距到期1個月風險曲線，也會隨時間趨近到期風險曲線。

零風險上下限策略風險輪廓

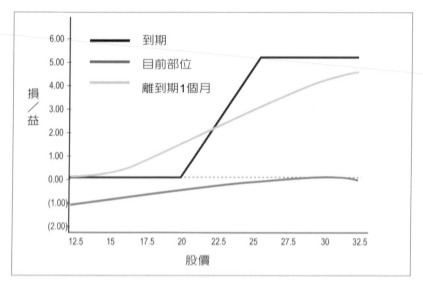

範例5.2之零風險上下限策略

淨成本	$20
最大風險	$0*
最大報酬	$5
損益平衡	無
最大風險收益率	無
最大淨成本收益率	22.6%
最小風險收益率	無
最小淨成本收益率	無

請注意：最大風險、最大
報酬和損益平衡數字乃自
到期部位計算得出。

*此處忽略交易手續費。

範例 5.3

最後再舉一個例子,此處我們下的是以收盤價為準的限價單:

1. 以$19.61市價買進股票　　　　　　　　　　　(買進股票)

2. 以$7買2003年1月到期、履約價$20的賣權　　(當成保險)

3. 以$6.8賣2003年1月到期、履約價$25的買權　　(減低成本)

換句話說,我們以$19.61限價買進股票,並結合買入賣權與賣出買權,淨成本限制在$0.2。

保證收益上下限策略風險輪廓

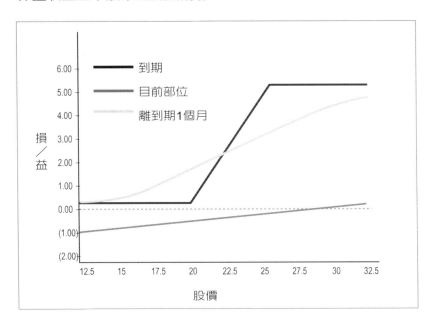

　　注意上頁圖的到期日風險型態圖全部位於損益平衡線之上，這不但是零風險交易，甚至就算交易未如預期，還可享有一點保證收益。

範例5.3之保證收益上下限策略

淨成本	$19.81
最大風險	($0.19)*
最大報酬	$5.19
損益平衡	無
最大風險收益率	無
最大淨成本收益率	23.7%
最小風險收益率	無
最小淨成本收益率	1%

請注意：最大風險、最大報酬和損益平衡數字乃自到期部位計算得出。

*此括號代表無風險或負數風險，最低收益為到期時有$0.19。

　　離到期還有一個多月時間，我們所賣出的買權被要求履約的機率極低。

期貨

　　前面針對股票選擇權的避險策略、組合式買權和受保護買權，它們和期貨(futures)選擇權相比有兩個最大不同點：

　　1. 期貨選擇權屬於歐式選擇權，只限在到期時履約，在此之前皆不可履約。

　　2. 作多期貨選擇權時，事實上並沒有真的付出任何金額；也就是可以幾近於零或零成本交易上下限策略，或甚至在特殊情況下還

能有淨收入。一旦找到適當價位，期貨選擇權的上下限策略會極為有用。

 快速掃描

組合式買權和受保護買權比較如下：

	組合式買權	受保護買權
策略	買股票＋買賣權＝組合式買權	買股票＋賣買權＝受保護買權
對未來的看法	看多，但還是為買進的股票做保險。	稍微看多，預期股價穩定上漲。
使用理由	◆ 以中長期眼光買入股票，並同時為下檔做保險。 ◆ 若股價漲幅超過買入賣權的成本，即可獲利。 ◆ 若股價下跌，雖會承受虧損，但損失僅限於賣權的履約價。	◆ 以中長期眼光買入股票，並希望藉每月出售買權獲得月收益。有如透過持有股票收取月租，可降低持有股票的成本。 ◆ 若股價上漲，賣出的買權可能被執行，此將可賺取獲利。 ◆ 若股價下跌，賣出的買權失去價值，因此穩賺權利金，此可降低買股成本，因為買股付出的成本部分為權利金抵銷。

	組合式買權	受保護買權
淨部位 (Net position)	◆ 此為淨成本交易。 ◆ 股價若下跌，風險有限。	◆ 此為淨成本交易，因為買股付出的成本包含於賣出買權賺進的權利金。若要提高收益率，可以融資買進股票，若融資率50%，則收益率可提高1倍。
時間損耗效應 (Effect of Time Decay)	◆ 時間損耗會損及賣權價值。	◆ 時間損耗在此處有助於交易，因此侵蝕買權價值。假設股價在到期時低於履約價，則可全數賺進權利金，從而降低原始的買股成本。若股價達買權履約價，則可能被提早或於到期時履約，此時你可以較高價格賣出股票。
最安全交易時間期 (Saftest time period to trade)	◆ 買進距到期至少在欲投資股票期間一半以上的賣權。	逐月賣出買權。

　　如何改進受保護買權並降低風險？這樣做最大報酬當然也會降低。因此上下限策略是一個較高深的策略，需有交易經驗才能適當執行。範例5.1至範例5.3即可證明利用選擇權的彈性來替部

位上下限,並創造最低報酬。

組合式買權與受保護買權 vs. 選擇權術語

選擇權術語	組合式買權	受保護買權
Delta	此處的Delta形狀假設與單純買權相同。股票的Delta較賣權的Delta強勢,兩者結合即等同簡單的買權Delta。因此組合式買權的Delta會隨股價上漲而增加,意味股價上漲可增加組合式買權的價值。	股價愈低,Delta值愈高(記住:每一個選擇權契約的Delta值一定介於+1和-1之間),這代表當股價上漲,受保護買權的價值亦會上升。當股價漲過履約價,Delta值下降,而當股價超過履約價+賣出買權的權利金時,Delta值即成為零。這就像受保護買權上檔有限,之後當股價如何漲都不會再續增。
Gamma	Gamma在選擇權處於價內時達到高點,顯示Delta出現最陡峭角度的地方,以及股價的些微變動如何影響組合式買權部位。	在受保護買權的例子,Gamma為負值,因為此處我們為買權的淨賣出方。當股價等於履約價時,Gamma觸底,意味股價只要再稍跌即會傷害所持有的部位。

選擇權術語	組合式買權	受保護買權
Theta	由於Theta和股票部位無關（買入股票沒有所謂的到期日），因此Theta僅反映我們所買入的賣權部位。因此，此處的Theta為負值，並在當股價走低至履約價時達到最低，代表隨著時間經濟，組合式買權策略在該處受的損害最大。	因為此處為賣出買權，故Theta為正值。當股價達履約價時，Theta亦達最大值，代表隨著時間經過，可保住權利金的機率愈大。愈接近到期，Theta的效益愈顯著。
Vega	Vega在股價等於履約價時達最大值，代表波動若小幅增加，即會對組合式買權部位在該價格水準產生更大的正面效益。	此處Vega為負值，反映採取的是賣出選擇權部位。Vega在股價等於履約價時達最小值，代表波動性增加將在該價格水準對保護性買權部位產生最大傷害。
Rho	Rho為負值，股價下跌，負值程度愈大。	Rho為負值，股價上漲，負值程度愈大。

補充論述

最後再就典型上下限作補充論述，在歐美之個股選擇權交易活絡，且許多遠期月份合約交易熱絡，要合成collar的交易困難度低，但因台灣選擇權商品，其遠月份的交易量幾乎沒有，更遑論半年或1年期以後的交易月份，那我們是否可利用collar來運用在台灣選擇權交易上呢？答案是有的！其實collar整體的結構就是一個重要的選擇權策略，稱爲「分割履約價之轉換／逆轉組合」(Split Strike Conversion/Reversal)。

還記得本章前面提及的選擇權評價理論嗎？筆者曾提到一簡化公式：

$$+C-P-F＝0也可改寫爲：+C-P＝+F$$

文意上解說就是：買Call加上賣Put等同一個買進期貨，在這個簡化公式裡的Call與Put都是指「相同履約價且均爲價平」。這個買Call加上賣Put的策略就稱爲「逆轉組合」 (Reversal)，它的風險結構和一個買進期貨是完全相同的。

當我們反過來，賣Call加上買Put其實就是等同一個賣出期貨了，這策略的名稱就稱爲「轉換組合」(Conversion)，再次提醒讀者，在這裡都是指相同履約價的Call與Put，那所謂的「分割履約價之轉換／逆轉組合」又是何意呢？顯而易見的就是Call與Put的履約價不相同，寫到這裡，就可以和舊版所提及的collar上下限策略做結

合！我們回顧collar其組成就是：買進一個期貨（或股票），加上
「買進價平的Put，並且賣出價外的Call」。

引號裡面的兩個動作不就正是一個不同履約價的「轉換組合」
嗎？

我們再度以奇狐選擇權軟體來解說。例如，當期貨在8117時，
我們買進價平的8100 Put並賣出價外8200 Call，其風險結構圖如下：

圖 5.9 不同履約價之轉換組合

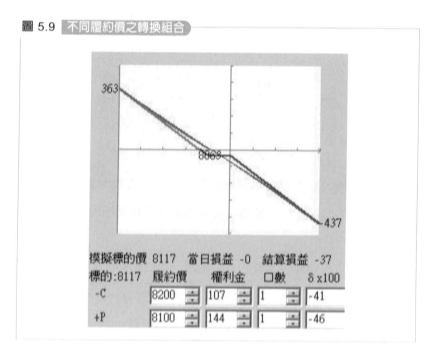

我們再度將原本的買進期貨加入，於是整體的風險結構圖變成：

圖 5.10 collar

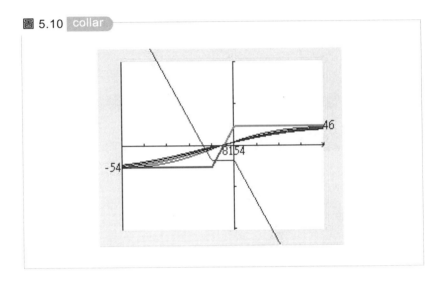

寫到這裡，我們就可以利用不同交易商品（股票變期貨），來把前面所提的典型上下限策略，由美股選擇權轉而運用到台指期貨與選擇權的交易實務上。

其實就是利用「分割履約價之轉換／逆轉組合」的觀念，我們利用原始買進期貨為主要交易目的，但是當行情有可能性回檔情況下，無須賣出期貨平倉，因為往往過度交易會讓主要波段的利潤被侵蝕，或是當平倉後，在此當預見可能性的回檔時，可加入不同履約價轉換部位，讓整體風險結構變成一個看漲垂差，也就是下檔風險有限的持續看多部位，這個觀念尤其在投信避險上異常重要！因

為投信股票組合有許多限制，就算明知會回檔也無法一次清光股票，在這個範例中，其股票組合不就如同買進期貨一樣嗎？這時只要利用分割履約價之轉換觀念來避險，就可鎖定下檔風險，又兼具上檔獲利的部分參與，實為上策，請讀者細細品味。第5章到此告一段落。

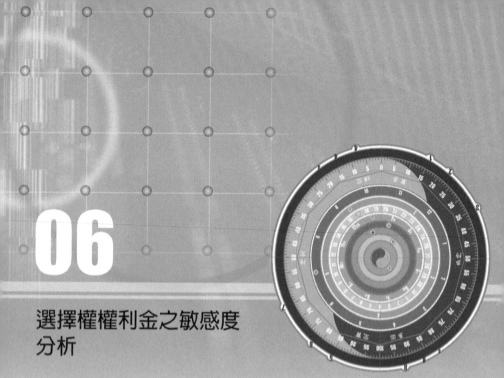

06

選擇權權利金之敏感度
分析

　　本章主要介紹影響選擇權權利金變化的各種因素，稱之為敏感度分析，因為各參數都是以希臘字母為分類，所以一般也通稱為「希臘字母」。

　　本章之範例與圖示，以台指期貨選擇權與奇狐選擇權介面來加強讀者印象，至於其他重要觀念，筆者會以「補充觀點」論述。

選擇權術語是選擇權特有的風險敏感度，其名稱源自希臘文，
定義與解釋摘要如下：

選擇權術語	定義	註解
Delta	測量選擇權價格相對於標的物資產價格變動（速度）的敏感度。 Delta正值意謂著選擇權部位將隨著股價上漲而增值。Delta負值意謂著選擇權部位將隨著標的資產價格下跌而增值。	Delta比率又稱為避險比率。
Gamma	測量選擇權Delta相對於標的物資產價格變動（加速度）的敏感值。 Gamma在買權和賣權的多頭部位(long)都是正值，並且在相同價平買權和賣權部位均等值。 Gamma值低，意謂著股價必須大幅變動，選擇權部位才會受益。 Gamma值高，表示股價只要有微小變動，選擇權部位就會因之受益。	Gamma是Delta變動的比率，即Delta風險的曲率。
Theta	測量選擇權價格相對於屆期餘日(time left to expiration)變動的敏感度。 Theta在選擇權的多頭部位都是負值，表示時間耗損(time decay)不利於選擇權多頭部位，時間的消逝將降低選擇權多頭部位的價值。不過，深度價內賣權選擇權則例外。 組合選擇權部位的Theta值可能變成正	價平選擇權接近到期日30天之內，時間耗損速度最快。

選擇權術語	定義	註解
（接上頁）	值，顯示時間耗損有利於分散部位 (spread position)。受保護買權就是一個例子。	
Vega	測量選擇權價格相對於資產波動率 (volatility)變動的敏感度。 Vega在多頭部位都是正值，並且在相同價平的買權和賣權部位都有相等的值。 Vega正值高，表示波動率的小幅增加，就會有利於選擇權部位。 Vega正值低，表示波動率必須大幅增加，才會有利於選擇權部位。	波動率(volatility)
Rho	測量選擇權價格相對於無風險利率變動的敏感度。 高利率有利於買權，但是不利於賣權。屆期餘日愈長，Rho的絕對值愈大，因為利率需要時間來消化。	利率
Zeta	測量選擇權價格對於隱含波動率1%的變化。	1%隱含波動率變動

接下來逐一探討各項選擇權術語的意義。

Delta

基礎

▶ 選擇權的Delta值，是選擇權價格隨著標的資產價格變動而變動的比率。換言之，Delta可以測量因標的資產價格變動而選擇權價格隨之變動的速度。

$$Delta = \frac{選擇權價格變動率}{標的物資產價格變動率}$$

▶ 資產價格在價平(ATM)時，選擇權Delta值約在0.5，此乃通則。這意謂股價每移動\$1，選擇權價格將移動一半的速度。當資產價格離開價平點時，Delta也將偏移0.5。

價平＝±50 Delta

亦即，選擇權價格變動速度，約為資產價格變動速度的一半。

▶ 價平買權的Delta＝0.5，表示股價每上漲1點，選擇權將增值0.5點。

▶ 價平賣權的Delta＝—0.5，表示股價每下跌1點，選擇權將增值0.5點。

──如果買進價平買權，部位Delta值就是0.5。

──如果賣出價平買權，部位Delta值就是 ─0.5。

──如果買進價平賣權，部位Delta值就是 ─0.5。

──如果賣出價平賣權，部位Delta值就是 0.5。

（0.5是大約值）

▸ 凡是買進買權都有Delta正值。

▸ 凡是賣出買權都有Delta負值。

▸ 凡是買進賣權都有Delta負值。

▸ 凡是賣出賣權都有Delta正值。

Delta從另一個角度看，也可稱為「避險比例」，由於選擇權權利義務的不對等，它不像期貨當行情逆勢時，會有100%對等的虧損必須承擔。例如，當買進8200小台指一口，若行情逆勢跌到8000時，便產生10,000元的虧損，跌到7000點時，便會虧損60,000元，只要行情逆勢延續而交易者又不停損，虧損就會一直擴大到無力補足保證金被強制平倉為止。而選擇權則不然，如果你看漲而買進Call，當行情逆勢甚至重挫，最大虧損就是當初所花費買進Call的金額，不會再動用到你交易帳戶裡的其他金錢。當然以一個公平交易的市場，規則上某類的優勢，自然便須喪失其他一些好處，不然大家就全部作另一邊有利規則的交易就好了！

所以在這裡所解釋的Delta，就是指當你買進選擇權（Call或Put）而行情順勢時，你所獲得的權利金增加點數，是買進或賣出「期貨」

順勢點數的「幾成」？它絕對不會大於1，因為若大於或等於1就是
表示假如你買進選擇權Call，當指數漲200點時，你獲得的利潤和買
進小台期貨一樣是10,000元，如果真有這樣情況發生，那相信從此
以後沒有人要去交易期貨了，都會轉往不會被追繳保證金的選擇權
買方交易，所以由於選擇權交易買方，其最大虧損風險有限，自然
與期貨相比其所獲得順勢利潤的利潤比例自然就小於1了，這就是
Delta。

　　而當你選定買進哪個履約價的選擇權，其價內價外的程度會影
響Delta值嗎？當然會！所謂價內是指：目前期貨的所在位置，已經
讓你交易的該履約價選擇權實現了利潤，也就是中獎了，剩下的就
是中獎的深度了，而價外則是指你目前所要交易的該履約價選擇權
尚未「中獎」。舉例說明如下：

　　假設你在期貨還沒漲到下面附表的8117價位以前，假設是在
7917，你買進了履約價8000的Call花費110點，期貨行情後來漲了
200點到8117，整個選擇權報價列表在期貨到8117時的相關資料如圖
6.1。

　　由圖6.1的中間偏左半部是Call的各履約價在當期貨漲到8117時
所顯示之成交價與Delta值，我們原先在期貨還在7917時買入了價外
的8000 Call花了110點，由於尚處於「還沒中獎」的價外，所以其
Delta低於0.5，大約在0.42左右，這代表當下權利金隨漲程度約為期
貨的40%左右。

圖 6.1 Delta值報價列表

/Call未平倉:0.684 +0.002　Put/Call成交:距到期日數:6　標的物價:8117波動率:31.

				200803		Put賣權	未平倉總:272694	
時間價值	內含價值	Delta	成交價	履約價	成交價	Delta	內含價值	時間價值
42.50	0.00	0.2221	42.50	8400	328.00	-0.7779	283.00	45.00
69.00	0.00	0.3131	69.00	8300	255.00	-0.6869	183.00	72.00
110.00	0.00	0.4186	110.00	8200	193.00	-0.5814	83.00	110.00
133.00	17.00	0.5317	150.00	8100	144.00	-0.4683	0.00	144.00
95.00	117.00	0.6436	212.00	8000	105.00	-0.3564	0.00	105.00
78.00	217.00	0.7455	295.00	7900	74.00	-0.2545	0.00	74.00
54.00	317.00	0.8305	371.00	7800	53.00	-0.1695	0.00	53.00
28.00	417.00	0.8954	445.00	7700	38.00	-0.1046	0.00	38.00
13.00	517.00	0.9406	530.00	7600	24.50	-0.0594	0.00	24.50
18.00	617.00	0.9691	635.00	7500	15.50	-0.0309	0.00	15.50

（表頭上方另有：量:398772　成交量總:273009）

後來期貨漲到了8117，我們對照上面報價發現原來8000 Call的權利金漲到了212點，等於當期貨漲了200點時，8000 Call的權利金漲了212─110＝102點，對等漲幅約為50%（期貨漲200點，而選擇權漲102點），我們發覺當期貨漲了200點時，原先8000 Call的Delta從0.42增加到如圖6.1所示的0.64，其實道理很簡單，原先未漲升前的8000 Call屬價外，期貨上漲到8117後穿越了8000關卡，使得8000 Call變成中獎的價內選擇權，這表示它已經列入具有真實價值的選擇權了，中獎深度約超過一個履約價（8117─8000＝117點），其Delta值自然就大於0.5來到了0.64，這表示如果期貨再繼續漲下去，原來8000的Call權利金的隨漲成數就會達64%，愈往深度價內邁進，8000 Call的Delta值就會愈接近1，也就是等同於一口小台指的戰力，這也是選擇權會產生爆炸性獲利的主要因素。相關圖例請見圖6.2。

圖 6.2 Delta值價內外之變化

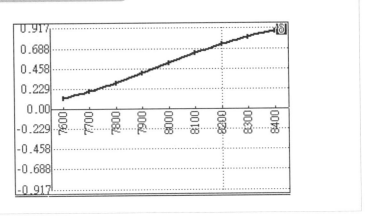

當初原始花了110點的成本買進Call，由於不會像期貨當逆勢會被追繳保證金，花費110點的當下最大風險就被鎖定，確保不會產生超額虧損，所以對於波段順勢的倉位較不會輕易被嚇跑，假設行情果真短期內暴漲1000點來到了8917，這時8000 Call權利金將會至少具有8917－8000＝917點的真實價值加上一些些時間價值，假設報價為930點，此時我們將發現整波1000點期貨上漲，8000 Call的獲利倍數高達（930－110）／110＝745%，若利用交易期貨相較其所對應付出之原始保證金則頂多獲利兩倍多，而且不保證當逆勢時不會由於口袋深度不夠而被強制停損出場，這也是選擇權迷人的特性，風險與報酬將不再呈線性對等的狀況，的確是有低風險高報酬的機會存在。

接下來再討論距離到期時間的長短，其Delta值的變化情形，先以直觀的角度來分析，如果有兩張選擇權，兩張兌獎資格的時效長

短不一，時效長的中獎機率肯定是大於只剩幾天的短期選擇權，而Delta值正是表示「中獎機率」的意思，所以整個Delta分布狀態，距離到期長的，它愈有往極端遠的中獎區域達陣的機會，例如：同樣需漲500點的目標才能中獎的兩張Call，還有兩週的Call機會肯定大於只剩2天至3天的Call，所以透過奇狐介面解釋圖6.3下方。

圖 6.3　Delta值距到期日長短比較

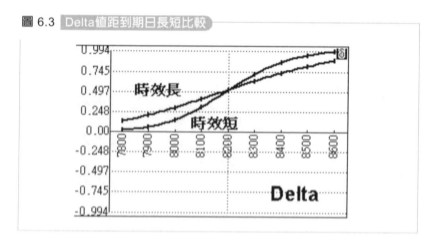

　　若以「達陣機率」大小來解釋Delta，透過上圖可以明顯看出時效長的其曲線較為平緩，這是因為時間長，變數就大，達陣極端價位的機會相對大，反映出來的左右兩極端價格的機率就會略有程度，而非幾乎為零，所以曲線就會變平緩。

　　同理可知，時效短，左右兩極端期貨價位達陣機率就低，整個曲線就往中間擠而變得較陡，這個平緩與陡峭程度就是下一節所要討論的另一個希臘字母Gamma。

有關Delta的另一重點稱為Delta中性交易,在第9章將利用禿鷹、蝶式等選擇權策略來詳加論述,在此先略過不談。

有關本節Delta論述,如果是put,其Delta將會是何種態樣呢?利用奇狐介面以買進8200 put為例,見圖6.4。

圖 6.4 Put之Delta值

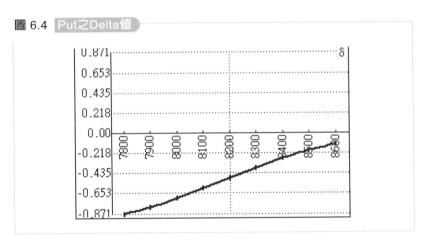

因為Delta的定義為:當期貨「上漲」1點時,該選擇權會「上漲」多少?而期貨上漲對Put是一個不利減項,所以買Put的Delta值必然為負,所以我們看到的上圖就是一個與Call很類似的曲線,只是差別是一個在零軸上(Call),而另一個在零軸下(Put),其他相關特性於前面已詳述之,讀者可利用軟體介面實際操作來練習。

Gamma

　　就數學的角度而言，Gamma就是Delta的二次方。如果說Delta
是速度的測量，則Gamma就是加速度的測量。和其他的希臘字母不
一樣的地方是，Gamma並非測量選擇權權利金和其他參數的關係，
而是測量股票價格變動對於Delta值造成影響的關係。

　　相同履約價格買權和賣權的Gamma值永遠都是一樣的。Gamma
值可以是正值，也可以是負值（買進選擇權不論是買權或賣權，
Gamma都是正值；賣出選擇權不論是買權或賣權，Gamma都是負
值）。

　　當選擇權接近價平的時候，Gamma的絕對值會增加。Gamma絕
對值高表示，Delta對於目前水準之股票價格的敏感度提高(Kolb,
1997)。

　　某些交易者喜歡避險他們的部位Gamma值，以免部位Delta值急
遽上升，以致風險失去控制。請注意，Gamma是測量加速度的工
具，如果加速度控制得宜，則速度Delta就可保持穩定。當然，
Gamma和Delta可以同時獲得避險。就Delta而言，接近價平買權和賣
權的Gamma值，會隨著到期日的接近而上升；就深度價內或深度價
外選擇權而言，當到期日逐漸接近的時候，Gamma值會急遽下降。

　　我們利用奇狐介面觀察買進一個8200 Call其Delta與Gamma的曲
線型態，並且加上當到期日將屆時，其Gamma會如何的異常敏感，

圖 6.5 Gamma與Delta值距到期日長短比較

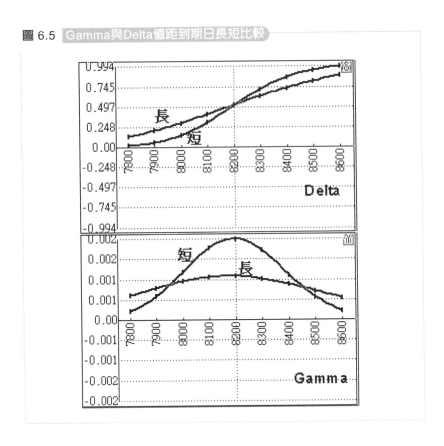

請見圖6.5。

　　如圖上半部之Delta以兩個不同到期日長短比較會發覺：時間長的較平緩，而時間短的較為陡峭，其實Gamma就是Delta的變化曲度大小的衡量值，愈陡峭，則值愈大，整個Gamma的線型就愈高聳，代表涵義就是：期貨行情每往一個方向移動，其Delta值改變會愈大。在數學上的涵義為：將Delta再微分一次就是Gamma了。由於無

論是買Call或是買Put，兩者曲線當期貨上漲時都是由左下方往右上方走，所以每個微分點的切線斜率都是一個正的值，所以得知買進選擇權，無論是買Call或買Put，其Gamma恆為大於零的正值。

Gamma 快速掃描

▸ Gamma是測量Delta如何隨著股價或標的資產變動的敏感度。

▸ 選擇權的Gamma值可以使我們知道Delta變化的速度快慢，以及應該多久調整一次部位。

▸ Gamma值可以幫助交易者測量風險，特別是Delta中性部位。

▸ 當選擇權接近價平時，Gamma值會變大。這表示當股價接近價平時，Delta對於股價變動的敏感度會增加。

▸ 當選擇權進入深度價內時，Delta值將接近於1（買權接近於1，賣權接近於—1）。此時Delta值對於標的物資產價格變動就比較不敏感。所以深度價內選擇權的Gamma值會降低。

▸ 同樣地，深度價外選擇權的Gamma值也會降低。

▸ 同履約價格買權和賣權的Gamma值永遠相等，並且可以是正值，也可以是負值。

資產價格	Delta	Gamma
價平	約0.5〔買權〕或 —0.5(賣權〕	高
接近價平	約0.5〔買權〕或 —0.5〔賣權〕	高
深度價內	約1〔買權〕或—1〔賣權〕	低
深度價外	低	低

Theta

　　Theta與Delta同等重要，也可以說是選擇權術語最重要的敏感指標。Theta測量選擇權對於時間流逝的敏感度。純粹就時間流逝的結果，所觀察到的選擇權價格變化特徵，就是所謂的時間耗損。買進選擇權的部位Theta值永遠是負值（但是在某種情況下，深度價內賣權的Theta是正值）。

　　作多選擇權部位的Theta值是負值。因為時間接近到期日，時間耗損現象會逐漸侵蝕選擇權的價值。Theta的負值表示愈接近到期日，時間價值耗損愈大。

速記祕訣

　　Theta和時間(Time)都是以T字母為開頭。

如何減緩時間耗損？

1. 賣出所持有距離到期日不足30天的價平或價外選擇權——因為距離到期日30天至到期日當天，時間價值耗損速度最快。

2. 賣出你已持有的選擇權，作為既存價差交易部位的調整。

3. 賣出未持有選擇權，作為既存交易部位的調整——筆者並非推薦建立赤裸（未保護）部位，賣出選擇權是為了補充既存部位的不足，例如，多頭或空頭價差部位。

4. 買進短期深度價內選擇權，例如，深度價內賣權或深度價內買權，接近到期日時，大部分都是內含價值，幾乎沒有時間價值。

重點檢視

1. 賣出距離到期日少於30天的價外或價平選擇權。

下圖提供選擇權Theta耗損完整的圖解說明。請注意：最後30天曲線的斜率急遽陡峭下降。

選擇權和Theta耗損

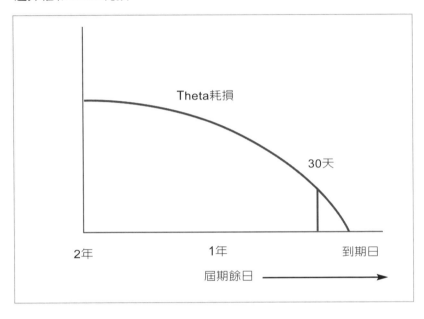

2. 賣出已持有選擇權，作為既存交易部位的調整。

3. 賣出未持有選擇權，作為既存交易部位的調整。

請注意：我們並非提倡賣出赤裸（未保護）選擇權，讓自己暴露在無限的風險之中。很多人每個月賣出價外選擇權，成功地收集了不少的權利金。然而，一旦市場突然往不利的方向猛烈震盪，他們所賣出的部位被履約了（譯註：賣出美國式選擇權，可以在到期日之前被履約），結果一整年辛苦累積的利潤，可能都毀於一旦。這個事實提醒我們，賣出赤裸選擇權並非實業家應有的交易模式。賣出赤裸選擇權以數學技術來說，雖然具有高度的成功機率，不過，

你的資金可能趁你不注意的時候被徹底摧毀，這便不是一項明智之舉。夜晚睡得好，禁得起長壽的考驗，才能夠持續地從事交易與投資直到退休。

4. 買進短期深度價內選擇權。

你能夠以買進深度價內選擇權來減緩時間耗損的效應，因為內含價值比時間價值重要得多。如果選擇權的時間價值比內含價值小得多，甚至近乎無內含價值，則暴露於時間耗損的風險就會近於零！

補充說明

以台指選擇權為例，在距到期日為期1週左右時，由於與期初相比已經過了一段時間，所耗損的時間價值不少，剩下的時間價值占整體權利金中的比重已下降了許多，尤其是價內選擇權，往往大部分的比重都是無折扣的內含價值，時間價值較少，這也代表會被耗損的因素已變少，交易具有大部分內含價值的價內選擇權的權利金就如同一個小台指期貨類似的獲利速度，可是當極度看錯行情時，期貨是會被追繳保證金或強迫平倉的，而在距到期前幾天的價內選擇權行情看錯頂多是權利金歸零而已，風險報酬又出現了失衡狀態，在這種情況下，就是一個攫取聰明交易的好時機，此交易因利用Gamma期末急遽變化來尋求超常報酬，一般稱為Trade Gamma。

　　當然在此策略上還是得注意一些重點：此交易距到期日時間很短，交易者必須要對極短線行情的掌握度很高，否則短線一逆勢，權利金縮水的速度也會很快。其二為交易者應嚴控投注比例，別因其不會被追繳保證金就一次全押，不追繳保證金並不代表當期貨逆勢變價外時，由價內變價外的選擇權權利金不會歸零。切記：風險意識要具備。

　　我們以奇狐介面舉例：當期貨在8117時，比較買進8200 Call與買進8200 Put兩選擇權的四個希臘字母的型態，見下圖6.6。

圖 6.6　買8200 Call與Put風險結構圖

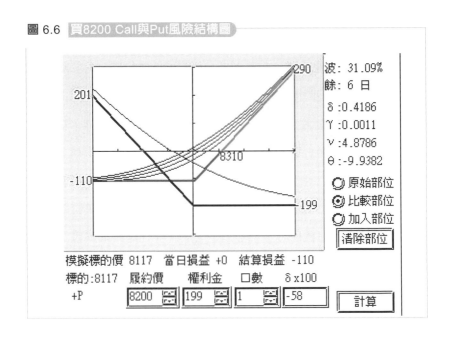

圖 6.7 希臘字母全覽

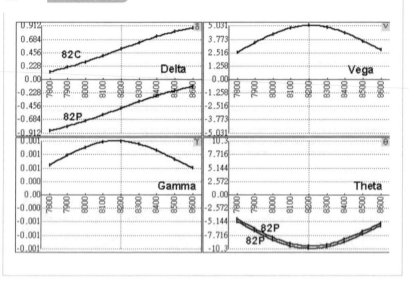

　　由四個希臘字母敏感度分析圖示來觀察位於右下角的Theta，可以得知買進Call與Put兩者的Theta都是在零軸之下的負值，涵義就是：只要是買進選擇權不論是Call或Put，隨持有時間的經過，對權利金都是不利的耗損。

　　透過此圖再複習之前所說的Delta與Gamma（左上與左下），買Call與買Put兩者線型幾乎一致！差別只是一個在零軸上，而另一個在零軸下。而Gamma就是Call和Put皆一致。剩下右上角的Vega就是當波動率改變時，對權利金的影響，在本例中可知道，當買進選擇權時，期貨波動度增加，對買方是有利的。下一節將進一步討論Vega。最後再針對當距到期日長短對Theta有何影響？請見圖6.8。

圖 6.8 距到期日長短對希臘字母影響

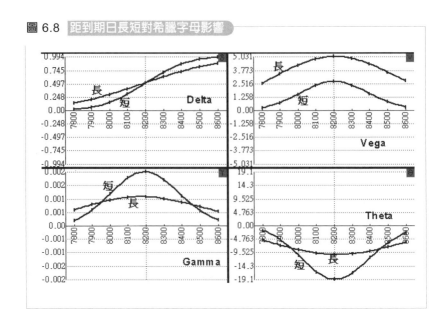

由上圖可知，右下角的Theta部分，距離到期日愈短的，尤其是價平8200附近，衰退最快。至於其他希臘字母也可以透過此圖整合所有的概念，讀者可向奇狐資訊公司索取試用版，再實際操作以加深印象。接下來討論Vega的特性。

Vega

以下先來複習第1章介紹七種影響選擇權價格的因素：

1. 選擇權的型態（買權或賣權）。

2. 標的資產的價格。

3. 選擇權的執行價格（履約價格）。

4. 到期日。

5. 波動率（隱含的和歷史的）。

6. 無風險利率。

7. 除息或除權。

Vega代表選擇權價格對於標的資產價格移動的波動率之敏感度（技術分析圖上的波林傑通道表現波動率變化一目了然，有關波林傑通道可參考本書第185頁）。波動率有兩個範疇分別是：歷史波動率(historical volatility)和隱含波動率(implied volatility)。

1. 歷史波動率（或稱統計波動率(statistical volatility)）：

由標的資產價格移動在某段時間內的標準誤差可推知。

2. 隱含波動率：

由選擇權市場價格推知。

速記祕訣

Vega代表波動率(Volatility)，開頭字母都是V（又稱為Kappa或Lambda）。

隱含波動率

以複雜的數學公式解釋評價模式的運作原理並非本書的目的。不同方式建構的選擇權評價模式都各有其優點。典型的作法是以Black-Scholes選擇權評價模式來計算股價和美式選擇權（可提早履約），以Black's的選擇權評價模式來計算期貨和歐式選擇權（不可提早履約）。

必須記住的是，上述影響選擇權評價的七個主要因素，波動率就是其中之一。在交易市場上，選擇權的價值是決定於市場的力量。這樣就會產生選擇權的市場價格和公平理論價格的不一致性。所謂公平理論價格是以數學方式計算的選擇權價格，其計算過程中所使用的波動率就是歷史波動率。

這種市場價格與公平理論價格的不一致性時常發生，這七種影響選擇權價格的主要因素中，唯一最引起爭議的因素就是波動率。讓我們再逐一探討這七個因素：

影響選擇權價格因素	註解
1.選擇權的型態（買權或賣權）	這是固定不變的。選擇權不是買權就是賣權。
2.標的資產價格	因為選擇權直接跟標的資價格有關，沒有轉圜餘地。
3.履約價格	每一個選擇權的履約價格都是固定的。
4.到期日	每一個選擇權的到期日都是固定的。

影響選擇權價格因素	註解
5.波動率*（隱含的和歷史的）	只要指定某段確定期間，例如，指定20個營業日，計算出來的歷史波動率是固定的，但是選擇某段期間的時間架構，卻是任意的，未必要跟屆期餘日正好相等。 選擇權市場價格和公平理論價格之間的處理，也可以解釋為波動率的不規則狀況。這種情況絕對不會發生在其他六項因素。隱含波動率是由真實市場價格本身計算出來的數字。
6.無風險利率	無風險利率是固定的。
7.股票除權除息	股票除權除息是固定的。

*波動率都以百分比表示。

問題：歷史波動率的意義為何？

回答：歷史波動率反應了標的資產過去的移動幅度。

範例 6.1

假定2001年5月1日股價是$41.41，7月份履約價格$40的買權權利金為$9.3，賣權權利金為$7.4（此範例為2001年5月1日之實例）。

選擇權	選擇權價格	歷史波動率 (23天)	隱含波動率
買權履約價$40　2001年7月	$9.3	196.74	111%
賣權履約價$40　2001年7月	$7.4	196.74	111%

如果選擇權以歷史波動率來計算的話，買權的權利金就是$15.41，賣權的權利金就是$13.51。我們的選擇權占便宜了嗎？這就要看該檔特定股票的隱含波動率是否一向低於或高於歷史波動率，以及其他各種因素而定（隱含波動率愈高，選擇權價格愈高；反之亦然。如果隱含波動率實質上低於歷史波動率，則選擇權價格本身是否便宜，就可能是一個爭論點）。每一種股票或標的資產，都有其獨特而不同的隱含波動率與歷史波動率之間的關係。正如你必須熟悉你所選定的股票習性，你也必須熟悉該檔股票選擇權各系列的特性，以及歷史和隱含波動率之間的過去歷史關係。

目前只需要記得，歷史波動率是由資產價格移動所推算出來的，隱含波動率是由選擇權本身的市場價格推算出來的。

波動率	基於
歷史／統計	◆ 標的資產某段期間的波動率，例如，過去20天。
	◆ 表示為年平均期間百分比（標準差）。
隱含	◆ 基於選擇權波動率，以及基於未來市場的看法。
	◆ 這是從Black-Scholes選擇權評價模式推算出來的數字。

就交易的角度而言，你可以確認某特定股票的隱含和歷史波動率彼此之間如何相關，並且找出許多交易選擇權的方法。

下頁上表是如何利用隱含和歷史波動率之間關係的典型交易指引，但是筆者強烈主張讀者必須小心練習。「典型」未必一定是正確的，重點是這種關係在過去呈現出什麼模樣，而現在又有什麼顯

著的不同。波動率的擺動通常被解釋為「**橡皮筋**」效應。如果將橡
皮筋往一個方向拉緊，或往另一個方向放鬆，則該橡皮筋將回歸到
原來正常的位置。如果某檔股票的隱含波動率平常大約在70%，但
是某一段時期它下跌到30%，則該選擇權可能是一個好價格嗎？或
者假設隱含波動率飆升至110%，則該選擇權價格可能是高估了嗎？
這些現象就是橡皮筋效應的最好說明。經過中長期間之後，隱含波
動率通常會轉向歷史波動率，但是這種現象根本上還是要看歷史波
動率與標的資產的一致性。

波動率	典型（未必正確）的闡釋
隱含＞歷史	由於高隱含波動率，選擇權價格可能高估，因此要找機會賣出選擇權。
歷史＞隱含	選擇權價格可能低估，表示很好的買進選擇權機會，尤其當你預測標的資產將開始移動。

圖6.9　隱含波動率與橡皮筋效應

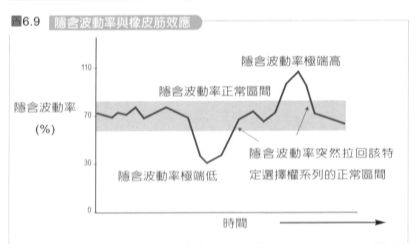

Vega的特性

作多買權和賣權的Vega都是相同的且皆為正值。這反應了一個事實，波動率升高會增加選擇權的權利金價值。

由Vega的定義可知道它是衡量當波動率上升時，對部位權利金的影響，而由之前圖例有關希臘字母的四個統合來討論，右上角的Vega只要是選擇權的買方，其恆為正值，也就是波動度增加對買方是有利的，無論是Call或Put。

同時由之前距到期日長短比較的圖例也可得知，距到期日愈短，Vega對權利金的影響愈小，這有點「木已成舟」的意味，因此可以很直觀的理解。

接下來最後解釋影響權利金的利率變化因子——Rho，以台指為例，1個月便到期一次，利率變化對於台指選擇權影響幾乎是0，所以奇狐軟體介面上取消對Rho的論述，以下有關Rho的文章，請讀者自行參考即可，對實務操作助益不大。

Rho

Rho是五個選擇權術語裡最不被重視的敏感指標。股票買權選擇權部位的Rho是正值，其他資產如期貨選擇權買權的Rho則是負值。這意味著就股票選擇權的買權而言，高的無風險利率將轉移成為更高的買權價格。

圖6.10 作多買權的Rho風險輪廓

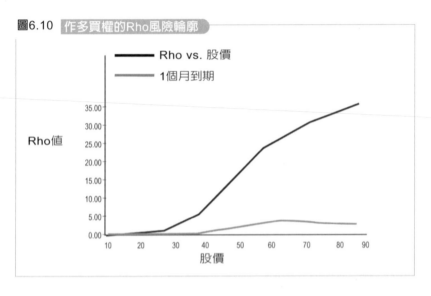

圖6.11 作多賣權的Rho風險輪廓

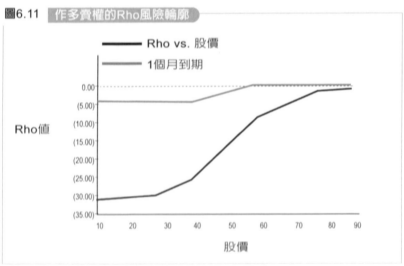

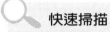
快速掃描

選擇權術語	快速定義
Delta	選擇權價格變動速度對於標的資產價格變動的速度
Gamma	Delta相對於標的資產價格變動的敏感度
Theta	選擇權價格對於時間耗損的敏感度
Vega	選擇權價格對於波動率的敏感度
Rho	選擇權價格對於利率的敏感度

這些選擇權敏感因素就是構成選擇權評價模式的各項因子,現在就可以開始設計特定策略來減緩各項敏感因子的衝擊,特別是Delta和Theta耗損。

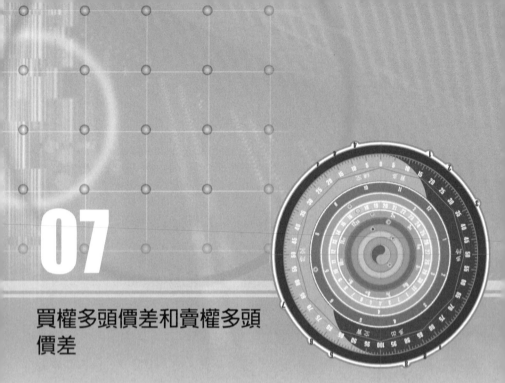

07

買權多頭價差和賣權多頭價差

  本章開始進入選擇權的策略研究，之前的基礎都是為了將理論化為交易上的實務運用，選擇權的策略千變萬化，但基礎上脫離不了四大基石：買Call賣Call與買Put賣Put。由這四大基石再往外延伸到價內外選取、履約間距大小差異、買賣口數間的比例與月份差異等。就像音樂一般，雖只有七個基本音階，卻可譜寫出無數的動人樂章。選擇權交易的最高境界便是所謂的無招勝有招，透過選擇權非線性風險報酬的特性，將可能的市場情境轉變，經由內化的應對功力，轉換為不對稱賭注的受益者，而非汲汲追求百分百勝率的神格化指標聖杯。然而，在提升到專家的學習過程中，還是得按部就班地紮穩馬步，之後的三章便是邁向專家之路的必經過程，與讀者共勉之。

　　本章的兩個價差交易，都是對後勢看漲而利用一買一賣相同類型（Call或Put）但是履約價卻不同的交易，由於履約價在一般報價列表上的排列是上下垂直表列，所以又有另一名稱為「垂直價差」。本章也將利用奇狐選擇權軟體實作台指選擇權範例，以加深讀者印象。

　　請特別注意：所謂的多頭垂差，不論是利用Call或Put來組成，只要是買低履約價賣高履約價，其效果就是多頭看漲，同理，只要買高賣低不論是用Call或Put，都是空頭看跌後勢的。所以只要看漲，一樣可以利用Put垂差來製造未平倉大增的煙霧彈，這個專家戲法可真的開了那些期貨商研究報告或是財經電台的藝人大師們一個大玩笑，這也解釋為何期貨商告訴你五大、十大法人未平倉資料看來是強力作多，行情卻如水銀瀉地一般？筆者就此一例子敬告讀者，金融市場很多表面上的所謂統計資料，其實是僅供娛樂用的，如果把它奉為圭臬，就真的會笑不出來了……，讀者要有分析能力去摒除雜訊，方能長治久安。

　　許多人認為只有當市場上漲的時候才能夠交易，其實不然。因為不論市場方向往哪裡走，筆者都會追隨趨勢，分析潛在的轉折點以及獲利目標。這就是甘氏和費波那契分析的開始，空頭策略的獲利也能夠和多頭策略一樣。現在先把焦點放在多頭策略。

　　「市場將往哪一個方向走？」這個問題如果不包括時間架構，就沒有任何實質意義。5分鐘圖可能顯示強烈漲勢，但是日線圖卻顯

示跌勢或盤整。等經驗比較豐富之後，你就可以決定最適合自己的交易時間架構，但是不論如何，你都應該養成觀察多種時間架構的習慣。例如，假設你只想了解交易5分鐘圖，則至少同時注意小時圖和日線圖，這樣做可以確保察覺出潛在的趨勢和方向。如果你想要作當日沖銷，筆者建議你還需要使用「直接進入」(Direct Access)這種工具，以確保下單速度。

先前已經花費許多時間討論有關最大風險、最大報酬及損益平衡點。因為不論是在任何商業或投資的領域裡，你都必須知道這三個數字是最重要的，並且發現下列的可能性：

▸ 降低風險。

▸ 報酬最大化。

▸ 損益平衡點最小化。

這是一個簡單的觀念，但卻是我們必須先了解的風險數據。因此也將花較多篇幅在這方面特別著墨。

本章還將討論下列兩個策略：

▸ 買權多頭價差。

▸ 賣權多頭價差。

這兩種策略成功的必要條件就是，市場的方向上漲（或至少不下跌），其中一個策略使用買權，另一個策略使用賣權。雖然這兩種策略都有相同的風險輪廓及損益結構，但基本上兩者卻是不同的策略，必須以不同的標準及時間架構來看待。然而，兩者卻同時具有

速記祕訣

多頭價差	1. 買低履約價
	2. 賣高履約價
空頭價差	1. 買高履約價
	2. 賣低履約價

縮小風險和降低（多頭）損益平衡點的特性，並提供誘人的最大報酬率。

買權多頭價差

買權多頭價差是一種多頭策略，包括下列步驟：

步驟1：買進低履約價買權。

步驟2：賣出相同數量相同到期日的高履約價買權。

圖7.1 買權多頭價差

買進較低履約價買權　　　賣出較高履約價買權　　　買進買權價差

　　低履約價買權比高履約價買權更貴，所以這是個淨借方(net debit)交易，你必須從自己的交易帳戶取出資金來支付交易成本。

　　買權多頭價差是代替直接買進買權的低風險策略。讓我們比較這兩種策略的風險輪廓：

	買進買權	買權多頭價差
最大風險	支付買權權利金	價差的淨借方（亦即淨支出）
最大報酬	無限	有限於履約價差－淨借方
損益平衡	履約價格＋支付的買權權利金	較低履約價＋淨支出

　　作多買權具有無限報酬的潛能，但是風險和損益平衡點卻更高。簡單圖形分析證明如下：

圖7.2 買Call與Call多頭垂差比較

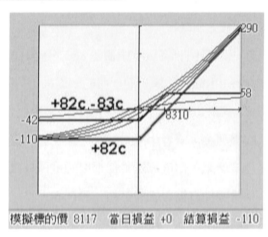

　　上圖將單純買進8200 Call與買8200賣8300履約價Call的多頭垂差兩者做比較：可以由以上兩者風險結構圖看出，單純買8200 Call可以獲得上檔的無現獲利空間機會，但是其最大風險成本110點是高於另外一個＋82－83多頭垂差的42點，而多頭垂差雖風險成本較低，但其當到期時最大順勢的獲利點也不過是58點而已，這就是兩者之間最直觀的差異，多頭垂差是比較溫和的策略，風險與報酬都是有限的。

　　多頭垂差有一個實務上特性，就是當你利用「Call」作一個多頭垂差時，由於多頭垂差的定義是「買低賣高」，而低履約價的Call一定比高履約價的權利金來得貴，所以付出貴的，收進便宜的，整個交易還是淨付錢出去，這在交易所的定義上你是屬於買方，也就是不必再額外繳交保證金，多頭垂差完成時就已付出所有的風險資本，沒有其他的不確定風險。

　　而本章另外一個範例「賣權多頭價差」，就是同樣是「買低賣高」，只不過由於利用Put去建構，而低履約價的Put的權利金一定是比較便宜，當賣高履約價Put收來較高的權利金減去買低履約價Put所支付出較低的權利金，兩者相減對投資人來說期初是淨收入的，對交易所結算角度看來，你就算是某種程度的選擇權賣方，這樣就得繳交保證金來證明你有被履約的財力，這裡的重點是，由於垂差本身的風險是有限的，交易所規範這類在性質上屬於選擇權賣方的交易者，所需保證金就是兩者高低履約價的差價，以圖7.2為例，如

果這是一個用Put架構的多頭垂差，其所需的保證金就是：8300—8200＝100,100×50元＝5,000元。

筆者在本章導讀所提及的市場未平倉謬誤一事，讀者在聯繫奇狐資訊公司獲得免費試用版本時就可以揭開這個可笑的謬論，當你選取同樣是買8200賣8300履約價的多頭垂差時，用Call與用Put來架構所顯現出來的風險結構圖幾乎完全重疊，風險與報酬的差異是幾乎不存在，當然兩者的差異成本是一個只要期初所付出淨額42點的Call多頭垂差，另一個則是付出100點保證金的Put多頭垂差，這些微的差異對很有口袋深度的市場大戶而言有如皮毛，不過，他就可以利用Put多頭垂差來迷惑那些一知半解又很「認真」蒐集統計資料的投資人或是期貨研究員，將他們一網打盡。投機市場不是互利的市場，而是互相競爭的市場，免費就可以獲得的投資建議往往是會讓你付出慘痛代價的建議。投資者當自立自強，摒除雜訊，讓自己成為投機戰場的資訊優勢者。

選擇買進買權和賣出買權的履約價

建立多頭買權價差部位的時機就是：你預期未來會有利於標的資產價格上漲的環境。買進買權要賺錢，就必須資產價格上漲。最大獲利發生在較高的履約價格，最大的虧損發生在較低的履約價格。問題是：你要以哪一個選擇權作多，哪一個選擇權作空？

▶ 通常你要以較低（接近價平）的履約價格作為買進的一邊。

▶ 你要以較高的履約價格作為放空的一邊，以便鎖住買權多頭價差部位買進的一邊。放空選擇權的履約價格選取方式為：

1. 履約價格要夠高，才能夠創造足夠的上檔利潤空間。

2. 履約價格要夠低，你所賣出的權利金才能夠有效降低淨借方支出，以及風險和損益平衡點。

通常至少要讓你的價差交易部位產生獲利等於兩倍虧損的績效。筆者會尋找至少提供250%最大報酬率的價差部位，即股票能夠往上移動到上檔放空履約價格的位置。

賣出較高履約價格買權，來對抗買進較低履約價格買權，可以創造出三個重要的效果：

1.**降低成本費用**，進而降低風險以及損益平衡點。

2.**可以套住上檔**。套住上檔並不難令人接受，只要在整個交易的過程中，市場往有利的方向發展，你設法建立的價差部位就可有兩倍以上的獲利。

3.**Delta可以沖銷至某種程度**。賣出的選擇權可以沖銷整個部位的Delta值，沖銷之後的效果就是可以降低部位損益幅度的震盪，但是卻不至於傷害到長期（到期日）的槓桿效益。你可能會懷疑，有必要降低部位損益幅度的震盪嗎？如果你的方向錯誤，會發生什麼事情？答案是如果你買進價平買權選擇權而方向錯誤，你的部位將快速被毀滅。而買權多頭價差部位可以大幅降低這種毀滅速度，讓你有機會在市場中繼續存活，而不至於受到重創。

接下來討論當履約間距擴大時，會有何種變化，請見圖7.3。

圖7.3 Call多頭垂差不同履約間距比較

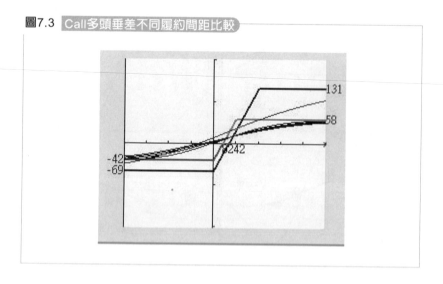

上圖就前例8200至8300 Call多頭垂差，與當履約間距擴大到8200至8400時一起比較，發覺200點間距的損益平衡點由原先8242拉大到8269，但是最大報酬與風險比卻由原本58÷42＝1.38拉高到1.89，由此可見適度放大履約間距似乎是一可考慮的策略，只要調整後的風險與報酬還有損平點都是你所樂見的，那就是一個好的策略，請讀者善用奇狐軟體來事先評估策略。

在此補充一點，垂差的最大風險與最大獲利兩者的絕對值相加，一定剛好為履約間距的大小，請讀者就上圖例體會之。

那當垂差隨時間改變時會有何變化呢？再以前例82至83多頭垂差來解釋，見以下希臘字母圖示：

圖7.4 Call多頭垂差距到期時間變化

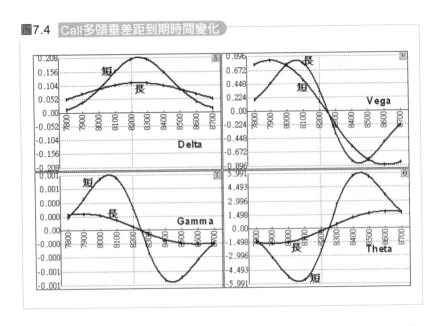

　　由圖7.4見左上角的Delta，可以觀察出當時間快到期時，價平附近的Delta變化差異與值都很大，當然左下角的Gamma便可同樣理解。而右下角的Theta，當它在損平點之下時，時間價值對它是不利的，且愈接近到期，變化愈大，而損平點之上的Theta，對權利金是加項，且愈接近到期愈正面影響，整個垂差由希臘字母的分析，可得知當快到期時，期貨是否進入損益平衡點之上或之下，將使權利金產生極大損益變化，這是一個必須等到快到期局勢才會明朗的策略，尚未接近到期時，其損益變化是很溫吞的，請讀者留意此特點。

作多買權價差部位 vs. 選擇權術語

Delta	Delta在兩個履約價格之間出現高峰，顯示在這個價位水平上，只要股價出現微小的移動，就足夠使得買權多頭價差部位的價值產生大幅震盪。愈接近到期日，買權的多頭價差部位Delta值就愈大。
Gamma	當價差部位在價外（低於較低履約價格）的時候，部位Gamma是正值，但是當資產價格漲至較低履約價格以上時，部位Gamma是負值的。（負值表示部位Delta開始減速）
Theta	當部位進入損平點以上時，Theta變成正值。表示多頭買權在價外的時候，時間耗損不利於部位，但是在價內的時候，時間價值反而有利於部位。以實際觀點而言，只要部位處於價內，獲利率就會因時間的耗損而改善，因為部位的利潤開始變成純粹只是履約價格差距減去所支付的成本，而履約價之間的時間價值差異也開始變得愈來愈小的緣故。
Vega	當部位移動超過損平點以上時，Vega由正值變成負值，表示當部位不賺錢的時候，增加波動率有助於部位。而當部位處於獲利狀態時，增加波動率就不利於部位。因此如果部位在價外時，則增加波動率可以增加部位進入獲利區域的機會；反之，當部位已經處於獲利狀態，則增加波動率可能會把資產價格震盪成為非獲利狀態。當時間開始流逝，Vega 就變成比較不敏感，特別是最後1個月，波動率的震盪力量因為時間已經所剩不多，已經無法衝擊到部位。
Rho	只要剩餘時間夠多，Rho的衝擊力量就會加強。Rho值的輪廓一直增加到接近履約價格，然後逐漸縮小；當部位變成深度價內的時候，就變成負值。隨著時間的消逝，Rho的敏感度降低，因為利率受到剩餘時間不多的影響，使得利率的衝擊力道開始縮小。

賣權多頭價差部位

賣權多頭價差部位是一個多頭策略，包括下列步驟：

步驟1：買進低履約價賣權

步驟2：賣出相同到期日的較高履約價賣權

較低履約價賣權比較高履約價賣權的權利金更便宜，因爲它比較價外，因此這種部位會造成淨貸方（net credit，淨收入）交易；亦即，從事這個交易，你的帳戶會有資金收入，但是經紀商會要求你繳交帳戶保證金，以避免這個交易所暴露的風險。

賣權多頭價差是一個淨貸方部位，可以將它視爲每個月的基本收入策略。你也可以把賣權多頭價差當做買權多頭價差一樣使用於長程策略。使用這種策略唯一的問題是，你會發現以風險、報酬率和損益平衡的觀點來看，買權選擇權通常會需要比較高的波動率，而創造出一個更佳的價差部位，因此我們將把賣權多頭價差視爲純粹短程的收入策略；相反地，買權多頭價差則是淨借方價差，也就是它不可以作爲收入策略。

速記祕訣

多頭價差	1. 買進低履約價
	2. 賣出高履約價
空頭價差	1. 買進高履約價
	2. 賣出低履約價

圖7.5　賣權多頭價差

買進較低履約價賣權　　賣出較高履約價賣權　　賣權多頭價差

　　賣權多頭價差的外型跟買權多頭價差很相似，但是其中有一些區別，比較如下：

	買權多頭價差	賣權多頭價差
最大風險	淨借方的價差（淨支出）	限於兩個履約價格差距－淨貸方收入
最大報酬	限於兩個履約價格差距－淨借方支出	限於淨貸方收入
損益平衡	較低履約價格＋淨借方支出	較高履約價格－淨貸方收入
淨借方或淨貸方的最大風險	100%淨借方支出風險	可能大於淨貸方100%風險

　　如同前面所提，多頭垂差使用Call或Put其風險結構是完全相同的，唯一差異是一個是期初資金淨支出（Call多頭垂差），所以無須額外保證金；而另外一個為期初資金淨收入的Put多頭垂差，得支付保證金，金額是兩高低履約價之間距差。

　　接下來所要討論的重點是：既然Put多頭垂差類似於賣出選擇權交易，接下來就以奇狐介面來做兩者之比較分析，見圖7.6。

圖7.6　Put多頭垂差與賣Call比較

　　由上圖可看出，利用Put多頭垂差來嘗試收取時間價值的確獲利無法與單純裸露賣Call相比，但從另一角度思考：「如果將交易口數擴大呢？」又會發生怎樣的變化？

　　於是我們將Put多頭垂差交易口數擴大為3倍，與賣出一口Call比較風險結構見圖7.7。

圖7.7 Put多頭垂差3倍口數與賣Call比較

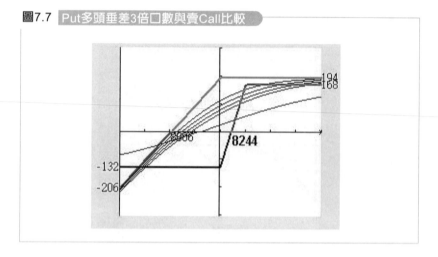

圖7.7 Put多頭垂差3倍口數與賣Call比較

　　由圖7.7，發現擴增3倍口數以後的Put多頭垂差，最大獲利與純賣8200 Call相差無幾，但下檔風險卻限制在132點，不像裸露賣方下檔風險是無止境的，當然還有一個特點是：Put多頭垂差雖擴增3倍口數，但損益平衡點並沒有改變，依然在8244。

　　再做一深度思考：如果不是擴增3倍口數，而是採擴大Put多頭垂差旅約間距為300點，又會產生何種變化？見圖7.8。

圖7.8 Put多頭垂差3倍履約間距與賣Call比較

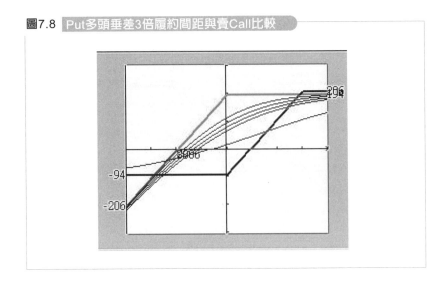

　　由圖7.8可知，當履約價間距擴大為300點時，＋82－85的Put多頭垂差其報酬風險比大幅上升（206÷94＝2.2），但是最大獲利是必須等到期貨漲到8500以上才會在結算獲得206點，而之前的擴大三倍口數的＋82－83的Put多頭垂差最大獲利與風險比值較差（168÷132＝1.27），但結算時期貨只要達到8300之上就可獲得最大獲利168點，可見擴大履約間距是預期不僅期貨會漲，而且漲幅會較大。兩者垂差調整方式端視交易者對後市研判看法預期，無所謂對錯，只有最適策略而已。請讀者仔細研讀並善加利用奇狐介面規劃交易策略。以下就Put多頭垂差的希臘字母做一整理。

賣權多頭價差 vs. 選擇權術語

Delta	Delta在兩個履約價格之間達最高峰（接近價平）。請注意：1個月到期與1週到期的Delta風險輪廓差異。高峰的Delta顯示標的股價的些微波動，就會帶來賣權多頭價差部位價值很大的衝擊。Delta隨著時間的消逝而敏感度增加。這意味著賣權多頭價差的風險輪廓也隨著時間的消逝而增加敏感度。因為接近到期日，時間價值已經微不足道，只有內含價值還隨著股價的移動而推波助瀾。請注意，當股價移動轉往上下兩檔，離開價平區間，則Delta就幾乎沒有敏感度，所以Delta最敏感的區間還是集中在兩個履約價格之間。
Gamma	Delta的加速和減速都反映在Gamma值。誠如所預期般，在股價低於較低履約價格時，Gamma是正值；當股價高於較高履約價格時，Gamma是負值。
Theta	Theta從低履約價以下的負值到高履約價以上的正值。這表示當我們進入價內之前，時間耗損都是對我們不利的。一旦進入損益平衡點以上，時間耗損就開始成為我們的朋友，這意味只要選擇權到期，我們就在獲利當中，因此愈快到期對我們愈有利。如果股價低於最低履約價格，在這個區間的部位都處於虧損狀態，因此選擇權到期就對我們不利，Theta是負值的。請記住：正值Theta的時間耗損是有利於部位的，負值Theta的時間耗損是不利於部位的。

Vega	當股價低於較低履約價格時，Vega是正值。當股價漲過損益平衡點時，Vega是負值。這意味著當股價低於較低履約價格時，賣權多頭價差部位對於波動率有正關係的敏感度。它的完整意義就是，如果股價低於價平，波動率的增加有助於部位價值的提升，因而增加股價移動的機會，有希望成為上漲的趨勢，使部位處於獲利狀態。一旦價位在較高履約價格之上，使得部位處於獲利狀態，我們就不希望波動率增加，使得股價移動機會增加，而增加股價下跌趨勢，進而傷害到我們的部位。
Rho	Rho的衝擊力隨著到期日期間愈長而增強。Rho的增強在接近履約價格附近達到最高峰，然後逐漸減弱，直到變成負值。當部位進入深度價內，Rho隨著時間的消逝而敏感度減弱，因為利率的衝擊因素，也會隨著時間的消逝而不能發揮效用。當然，這些都是合乎邏輯的。

放空更高履約價格的布置以及強力支撐的重要性

下面是賣權多頭價差的重要關鍵（這些都是關鍵因素，必須一再重複做摘要）：

1. 選擇日線技術分析圖正處於漲勢的強勢股票，不要把賣權多頭價差當做股價下跌中的反轉策略。

▶ 避免低於$20的低價股票。

▶ 避免每日平均成交量(Average Daily Volume, ADV)低於500,000。流通性低的股票表示價格將激烈上下跳動。我們要把賣權多頭價差部位建立在穩定的股票上，支撐既強烈又可印證。ADV低的股票不足以作為穩定的價格支撐。

▶ 必須尋找波動率夠高的股票，以便創造兩個履約價格之間足夠的貸方空間，並且兩個履約價格較高的一邊要遠低於目前價位。同時也必須避免過高的波動率，或是不可預測的波動率。

▶ 避免即將宣布獲利報告的股票，以免暴露在因消息面因素而導致趨勢反轉的危險。賣權多頭價差應該是一個前後一致的策略，你可以每個月使用這個策略（在2000年到2001年這種策略可能發生困難），因為這個交易的損益平衡點顯著地低於目前價位，並且在每個月都有11%與25%之間的報酬率。

▶ 尋找強力支撐，例如：

- ◆ 以費波那契或甘氏分析62.18%、38.82%和50%的回檔，以確認支撐水平。

- ◆ 以雙重底或三重底來確認價位支撐。

- ◆ 以移動平均線確認價格支撐。某些人使用20天指數移動平均線，某些人使用25期替代移動平均線。通常這裡並沒有所謂對或錯，只要確定你所使用的移動平均線，在過去的經驗中這種股票使用這種策略確實是有效的。

2. 選取深度價外（亦即遠低於目前價位）的履約價格。選用的履約價格愈低，則賣權多頭價差的成功機率愈高，因為損益平衡點的柵欄(hurdle)非常低。

價差交易的優點

價差交易比單純買進或賣出單一隻腳策略更為可取。如前所述，可以改善部位風險、降低損益平衡點，而不會傷害到部位的最大可能獲利。

以下是偏好使用價差交易的原因：

▶ 低交易成本（賣出的選擇權抵銷買進選擇權的成本）。

▶ 降低交易風險。

▶ 降低多頭價差交易的損益平衡點。

▶ 因為Delta沖銷有製造分散的效果，可以使價差部位價值的每日波動幅度降低。

▶ 能夠使用於不同時間結構（買權多頭價差使用於長程，賣權多頭價差使用於短期）。

價差交易的缺點雖然不多，但還是要謹記在心：

▶ 因為價差交易本身包含許多交易，所以手續費用較高。

▶ 潛在的獲利空間被遮蓋(capped)。

▶ 每天的部位價值波動幅度雖然被降低，但是如果建立部位之初，行情本來就對你有利，這反而是一項缺點。通常Delta沖銷是主要的優點，可以治療交易者的心理障礙，而且有其他的好處。交易心理最容易受傷的是面對快速而毀滅性的損失經驗，或上沖下洗的經驗。本書前兩章所描述的Delta沖銷，

是可以降低以上兩種情節的方法之一。

 快速掃描

　　本章介紹兩種流行的多頭策略——買權多頭價差與賣權多頭價差。對於這兩種策略彼此之間，以及和其他基本策略諸如作多買權和放空赤裸賣權，已經做了詳細的比較與對照。

　　此外，也討論這些策略和選擇權術語的關係，以及某一個敏感因素必須被沖銷，以便降低部位的風險，而不至於累及部位的最大報酬率。

　　現在讀者應可了解在不同環境下該使用何種交易策略，以及時間耗損將如何影響部位，同時也可以決定是否要使用長程投資策略（買權多頭價差部位）或短程收入策略（賣權多頭價差部位）。這兩種情況之下，你都可以開始發展簡潔而明確的過濾條件，以便為每一種策略選取適當的股票。

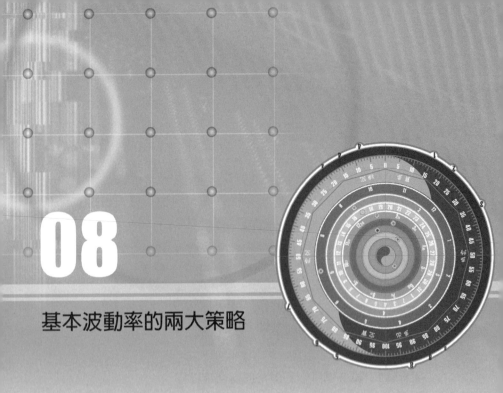

08

基本波動率的兩大策略

　　本章所介紹的跨式與勒式交易，在專業術語上又統稱為「價和交易」。

　　所謂的價和交易是指同時買進或同時賣出兩選擇權，但類型不同，例如，買進跨式交易就是同時買進同一履約價的Call與Put，一般是價平左右，而買進勒式就是同時買進價外的Call與Put，其履約價必定不同。

　　以下開始介紹各種價和交易策略。

如果你覺得某檔股票將出現大漲或大跌，但是卻不確定該檔股票的未來方向，你要如何因應？選擇權可以成為低風險、高報酬，而不必做對方向的交易！本章將討論的兩種策略──跨式部位(Straddles)和勒式部位(Strangles)，它們皆是方向中立的交易策略。

跨式部位

跨式部位包含下列步驟：

步驟1：買進價平履約價格的賣權選擇權

步驟2：買進價平履約價格，到期日相同的買權選擇權

這是一個淨借方交易，因為你支付等量的買權和賣權。因此以現金需求的觀點言之，跨式部位是個昂貴的策略。然而，如果正確地操作這個策略，即使預期的價格波動未曾發生，它也不是一個高風險策略。

圖8.1　跨式部位

買進賣權　　　　　+　　　　　買進買權　　　　　=　　　　　跨式部位

跨式部位的風險輪廓如下：

	跨式部位
最大風險	分散交易的淨借方（淨支出）
最大報酬	無限
下檔的損平	履約價格－淨借方
上檔的損平	履約價格＋淨借方
淨借方或淨貸方的最大風險	淨借方的100%

這個策略有兩個損益平衡點：其中之一在履約價格之下，另一個在履約價格之上。請記住：買權和賣權都有相同的履約價格，這個履約價格要愈接近價平愈好（亦即最接近目前股價）。

如何尋找建立跨式部位的良好時機及操作技術

關鍵標準：

- ▶ 隱含波動率和歷史波動率。
- ▶ 價格密集盤整(consolidation)的分析圖形價格型態。
- ▶ 股價。
- ▶ 進出場時機。

讓我們逐一探討這些關鍵標準，然後拼湊起來，界定一個連貫的策略，過濾出尋找與執行跨式部位的交易技術。

1. 隱含波動率和歷史波動率

理想的情況是，股票目前的隱含波動率低於過去中等期間（3個月至1年）的平均隱含波動率（隱含波動率是從目前選擇權價格跟

選擇權評價模式推算出來的)。

有時候寧可選擇在隱含波動率低於歷史波動率,並且期間長達1個月、2個月或3個月的情況 (歷史波動率只和股價本身有關)。某些股票選擇權鏈所包含的價格系列,一致反映其隱含波動率遠高於歷史波動率;反之亦然。這就是何以經過一段時間之後,拿隱含波動率和隱含波動率本身做比較,而不是與歷史波動率做比較,反而是評估隱含波動率是否過高或過低的最可靠方法。

若要讓跨式部位產生好的績效,建立部位之前必須充分了解這些動態機能。某些股票的隱含波動率和歷史波動率比較起來似乎偏高,但那只是我們所要談論的一部分而已。

其他徵兆包括要觀察整體市場和股票產業部門是否也做好準備出現高度波動率。首先,應該去觀察市場波動率指數(Market Volatility Index, VIX)。這個VIX是從標準普爾100指數(Standard and Poors 100 Index)測量得到的波動率指數。通常VIX會隨著股價上漲而波動率指數下降,隨著股價下跌而波動率指數上升。這個現象反映一個事實——股價下跌的速度比上漲的速度快很多,因此下跌時波動率指數會比較高。其次,我們也應該檢驗價格圖形,觀察是否有價格盤整的跡象。

2. 價格密集盤整

價格盤整型態諸如三角形和細長三角形(Pennants)曾在第四章討

論。這些價格型態都清楚地顯示歷史波動率下降，並且觀察隱含波動率同樣也是下降的。此外，盤整型態通常會出現某種突破，這個突破就是建立跨式部位所希望在短期間內看到的訊號。請記住：建立跨式部位關心的不只是方向，而是價格的爆發性動作，以及建立跨式部位之後的大量價位移動。

　　價格密集盤整的現象表現在價格柱狀圖(Bar Chart)中，就每一個柱狀圖的長度而言，個別柱狀圖的最高價和最低價是緊密地靠在一起。

圖8.2　建立跨式部位的盤整價格型態

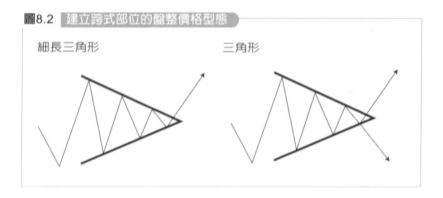

細長三角形　　　　　　　三角形

表8.1　MNMD（1999年5月至6月）

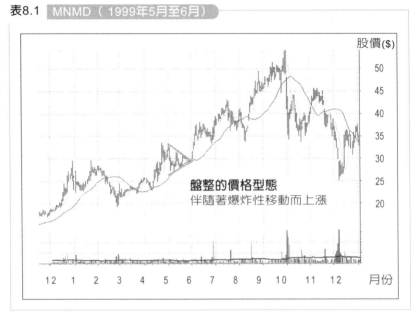

盤整的價格型態
伴隨著爆炸性移動而上漲

股價($)
50
45
40
35
30
25
20

12　1　2　3　4　5　6　7　8　9　10　11　12　月份

資料來源：TradeStation技術股份有限公司的頭號產品

　　如上表8.1所示，三角形價格型態延續1個月以上，繼之以1999年5月底的爆炸性價位突破。通常盤整的期間愈長，價格型態愈明確（即楔形較高的一邊），則預期的突破就會愈大。

　　觀察上面的圖例，MNMD股票從1999年5月底的價位$30，上漲將近20大點，直到1999年8月底漲至將近$50。這是一個將近67%的漲幅，雖非壯觀，但算是不錯的跨式部位實例。

3. 股價

基本上，建立跨式部位的股價不要太低，例如，股價低於 $20，就沒有太多下跌空間讓價格爆發力去運作。畢竟，價格爆發力是雙向性的，既可大漲亦可大跌。如果下檔空間太少，而價格爆發力是向下跌的，就沒有多少獲利空間了（下跌的獲利能力來自於賣權選擇權）。

4. 進出場時機

建立跨式部位時機的關鍵就是進場、屆期餘日與出場。分述如下：

進場

一旦你確認股價已經盤整一段時間，就要注意是否即將公布任何有關該股票的預期性消息，例如，獲利報告。其他預期性的新聞項目，也可能具有高度關聯性，例如，政府的數據報告、消費者物價指數、生產者物價指數、國內生產毛額與就業報告等。重要的關鍵是，你一定要在消息公布之前就把跨式部位建立完成，因為這些消息面可能就是你所要尋找的價格爆炸力之催化劑。最理想的情況就是，在獲利報告推出之前一、兩週就要建立跨式部位，因為在公布獲利報告的季節裡，隱含波動率就會開始上揚。

屆期餘日

你必須給自己足夠的時間優勢，但是也不能有太多贅餘的時

間，以免得選擇權利金太貴而導致難以獲利。

建立跨式部位的理想情況是在屆期餘日還剩下3個月的時候。因為時間價值耗損速度最快的期間是到期日之前1個月，不管是否有所謂的價格爆炸現象，你必須在到期日之前1個月把跨式部位平倉。這個觀念主要的原因是為了降低風險，因為跨式部位最大的風險就是時間耗損。如果你建立跨式部位之後，股價並未發生大變動，沒有讓部位閒置過久，通常也不會有太大的損失。除非隱含波動率突然如自由落體般穿越地面，同時拖垮選擇權的權利金。

如果你建立跨式部位的理由是預期某項新聞事件或是公司獲利報告，那麼在沒有任何令人振奮的消息時，就應該迅速離開市場。這樣就可以使風險暴露降到最低，尤其是當你原先的期望已經落空的時候。

結論是跨式部位的屆期餘日可以是2個月到4個月，但是不管發生什麼事，只要價位沒有大幅波動，到期日之前1個月，就要迅速離開市場。

出場

關於跨式部位的出場時機，有幾個情節說明如下：

▸ 新聞公布之後，平淡無奇，也沒有價位大幅波動：

　　缺乏價位波動，就可以確認沒有意外發生。請儘快在1、2天之內把部位出清。

▸ 新聞公布之後，聳動又刺激，不可避免的帶來價位波動：

你可以跟它玩幾天。如果你已經以甘氏或費波那契方法，預設短程目標價位，就可以按照該技術分析既定的規則，定義你的出場策略。

你也可以在價位移動之後，賣出獲利的一邊，留下虧損的一邊，以待行情往另一個方向回檔，再將另一邊也賣出。

例如，在新聞公布之後股價開始上漲，你可以將獲利的買權選擇權賣掉，這個時候的賣權選擇權權利金已經所剩無幾。但是如果股價往下回檔，則賣權的權利金還是會上漲的。保留賣權選擇權是為了預備發生回檔可以將它賣出，前提是距離到期日還有1個月以上。

▸ 千萬別讓選擇權部位的任何一邊，留置到少於1個月的屆期餘日：

這個規則優先於所有其他規則。

▸ 預設獲利目標：

不管你認為未來股價將發生什麼事，預設一個50%的獲利目標出場。預設這種獲利目標的危險就是：某些交易者為了等待獲利目標，因而曠時費日，價位就是不來，導致喪失可以小獲利的機會，而讓部位變成虧損。

跨式部位 vs. 選擇權術語

Delta	跨式部位價值的增減速度在接近價平的時候,有激情的加速度變化。當股價很低的時候,Delta是負值。而當股價上漲至履約價格以上時,Delta變成正值。這種現象顯示當股價低於履約價格,股價更往下跌,就能夠讓跨式部位獲利;反之,當股價高於履約價格,股價繼續往上漲,也是跨式部位賺錢所必需的條件。Delta的輪廓呈現S狀。當股價進入價內,通常一個合約的Delta是小於1的。表示股價進入深度價內時,跨式部位的價值跟著股價變動的速度是很接近的,但是幅度稍微縮小。
Gamma	作多跨式部位的Gamma永遠有正值,當Delta以最陡峭的速度上升時,Gamma值到達最高點。這個最高值總是出現在價平附近,表示跨式部位在價平附近對於股價的震盪有非常高的敏感度。
Theta	時間耗損對於跨式部位有很大的殺傷力。Theta呈現V字型,幾乎全部都是負值,谷底就在價平。這是很合理的,因為作多跨式部位就是買進兩個選擇權的權利金,也因此沉重地暴露於時間耗損。當股價下跌遠離跨式部位的履約價格時,Theta會有部分的正值。
Vega	Vega完全是正值,形成山頂的形狀,山峰出現在價平。由於Vega的巔峰在價平,表示波動率的些微變動,將顯示跨式部位價值的增加。
Rho	屆期餘日愈多,Rho的衝擊力道就愈大。Rho的輪廓很像Delta,呈現S狀,從低資產價格的最負值加速上升到接近價平的最高值,當股價上漲超愈跨式部位履約價格甚高時,Rho值升勢逐漸平緩。

接下來以奇狐介面建構一個買進跨式策略，見圖8.3。

圖8.3 買進跨式風險結構圖

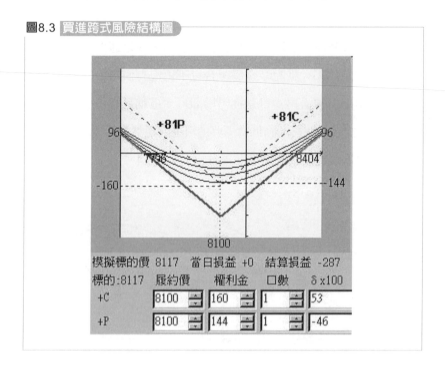

我們可以看到它分別是由兩個買8100 Call與買8100 Put組合而成，最大風險落在8100點上，虧損為—160—144＝—04，因此可進一步得知此跨式交易有兩個結算時的損益平衡點，分別是最大虧損值以8100為中心點左右加減304點得到的7796點與8404點，在此請注意這兩個損益平衡點是指「到期時」的情況，在尚未到期前或是1、2天之內因為還存在著大部分的時間價值，其實損益平衡點很接近8100，這個觀念就可以利用在因預期方向性的交易，而買進單邊的

Call或Put時，若是短線看錯了，請立即買進另一類型的Put或Call來形成跨式交易，因爲若行情果然大逆勢，則會產生損益再度上浮而獲利，若避錯險時原本的順勢單也會繼續獲利，只是速度略緩。那接下來若行情黏住不大動呢？整體組合豈不更沒有價格上的風險？只要利用盤中上下擺盪再當日分批出場即可。這就是利用拆解的概念來活用跨式交易以改善並降低當下買進單邊的逆勢選擇權之風險。

接下來看買進跨式的希臘字母分析，見圖8.4。

圖8.4 買進跨式的希臘字母圖

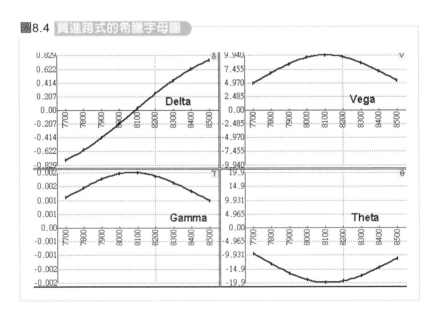

先看左上角的Delta：以8100爲分野，期貨漲Delta變正，期貨跌Delta變負，意思就是不論漲跌只要期貨遠離8100，這個買進跨式策略都會獲利，左下角的Gamma都是正值，價平達到高峰。而右下角

的Theta就是這個策略的減項了，買Call加上買Put，時間耗損是雙倍的，所以右上角的Vega正值就是告訴我們，波動率增加對買進跨式策略的獲利是很重要的！而賣出跨式則是剛好完全相反的情況，讀者可利用軟體實作來體驗。

接下來繼續探討當距離到期時間長短對買進跨式有何影響？以圖8.5為例來解說。

圖8.5　買進跨式距到期時間長短比較的希臘字母圖

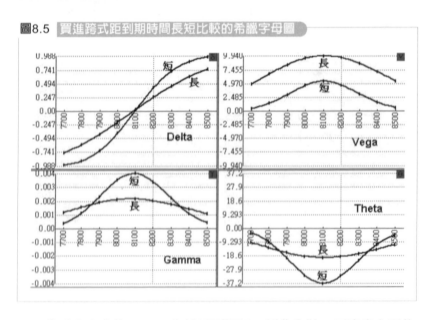

先看左上角的Delta，愈接近到期日，變化愈陡，反應出左下的Gamma也愈大，右上角的Vega離到期日愈近影響愈小，因為有木已成舟的無力感。而右下角的Theta衰退速度就十分驚人，這也是買進跨式交易者的致命傷。

由於買進跨式算是一個追求高波動率而無須判斷方向的策略，筆者在此特別加上奇狐的特殊功能——波動率情境改變分析來講解當波動率劇烈增加時會對買進跨式交易的希臘字母產生何種影響？請見圖8.6。

圖8.6　買進跨式波動率改變下的希臘字母圖

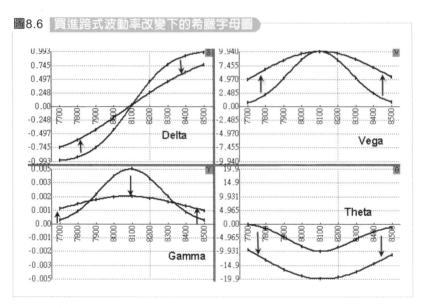

從上圖右上角可知，波動率升高1倍則對Vega有正面影響，可知這對權利金是正向的，而右下角的Theta則是不利的，左上Delta會趨緩，所以左下Gamma也相對來得小。

從這些實例操作，是否讓你對希臘字母的變化有了更深一層的概念？其實按部就班地提升自我，了解各策略在各情境改變下的希臘字母變化，這是讓自己成為無招勝有招的選擇權玩家必經之路，

請讀者多多利用奇狐軟體介面來增進自己對選擇權的認知。接下來介紹勒式交易。

勒式部位

建立勒式部位包括下面步驟：

步驟1：買進價外賣權

步驟2：買進相同到期日的價外買權

這是一個淨借方交易，因為要支付相同數量的買權和賣權。由於買進的都是價外選擇權，沒有內含價值，所以勒式部位的成本比跨式部位較低。雖然基本規則幾乎都是一樣的，然而，還是有些微差異之處。

圖8.7 勒式部位

| 買進價外賣權 | 買進價外買權 | 勒式部位 |

勒式部位的風險輪廓如下：

	勒式部位
最大風險	分散交易的淨借方（亦即你所支出）
最大報酬	無限
下檔的損益平衡	下檔（賣權）履約價格－淨借方
上檔的損益平衡	上檔（買權）履約價格＋淨借方
淨借方的最大風險	淨借方的100%風險

這個策略也有兩個損益平衡點：一個在下檔履約價格之下；另一個在上檔履約價格之上。買權和賣權有不同價格，賣權的履約價格低於目前價格，買權的履約價格高於目前價格。買權和賣權的履約價格都是價外的。選取勒式部位的履約價格，應該盡量讓兩個履約價格對於目前股價有相等的距離。

接下來利用奇狐介面來架構買進勒式部位，見圖8.8。

圖8.8 買進勒式風險結構圖

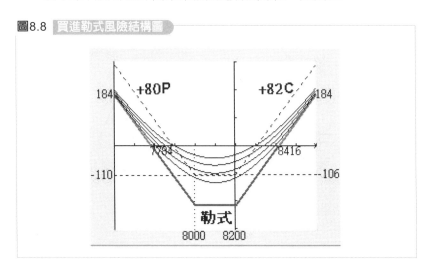

　　由上圖範例，我們在期貨位於8117時，分別買進兩價外之8200 Call與8000 Put，可以得知該買進勒式有兩個結算損益平衡點，分別是下檔的7784與上檔的8416，這是如何算出的呢？我們以上檔為例：就是把兩個買進選擇權所花費的總權利金加上右邊的底部履約價8200，便可得知結算損益平衡點為8416（即110＋106＋8200＝8416）。

　　同理，可推得下檔損益平衡點，請讀者自行推算練習。從圖形上勒式策略結算折線上方可以看出四條弧線，最上方則為當天真正的損益情形下方三條弧線則是隨時間消逝的耗損路徑。由最上方弧線可得知最低點坐落在兩履約價的中間，也就是8100左右，當期貨由此往兩邊遠離時，也就是不論漲或跌，該損益弧線都是往獲利端走的，這跟之前的跨式交易都是同樣的類型策略，只是獲利速度與風險是有些差異。本章最後會做兩者的比較。

　　接下來繼續討論該買進勒式的希臘字母圖形分析如下：

圖8.9 買進勒式希臘字母圖

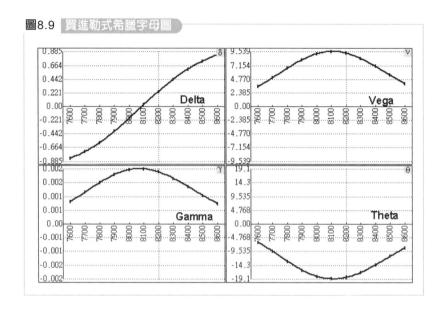

　　由圖8.9左上角的Delta，可以看出它是隨期貨上漲時由左下方往右上方走的一個正斜率曲線，在8100為正負值之分野，所以當期貨位於8100而走跌時，Delta值剛好變負，這對權利金是有利的，而由8100往上漲時，Delta又變正，同樣對權利金是有正面助益的，這個策略的不利影響主要在右下角的Theta，由於Theta整個曲線都是在零軸之下的負值，尤其在8100時達最低點，所以這個策略告訴我們：它需要快速脫離原本價區，漲跌方向無所謂，都會賺錢。請讀者自行練習Gamma與Vega的研判。接下來將跨式與勒式做一比較。

勒式和跨式部位的比較

- ▶ 勒式部位以距離較寬的損益平衡點來交換較低的風險,而跨式部位正好相反。意思就是勒式部位的損益平衡點比較難以到達,但是卻付出比較少的代價來做交換。

- ▶ 勒式部位的淨借方與最大風險都遠低於跨式部位。

- ▶ 跨式部位1個月到期的約估最大風險占整個交易的總風險成本百分比較高;然而,勒式部位的總風險百分比就比較低。

- ▶ 兩個策略皆提供無限的最大報酬,但是跨式部位的風險輪廓卻比勒式部位來得陡峭。如果KOSP股票下跌$10或上漲$40,跨式部位到期的獲利是$8.85,而勒式部位只有$7.75。然而,勒式部位因為有比較低的成本,所以報酬百分比會比較大。

- ▶ 兩個策略的最大風險都是整個交易淨借方的100%。

接下來以奇狐介面將跨式與勒式整合比較,見圖8.10。

圖8.10 買進勒式與跨式風險結構圖比較

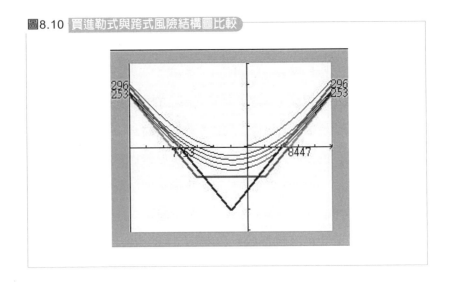

　　上圖為求視覺上的比較，將勒式的兩價外履約價擴大為8300 Call與7900 Put，而跨式的履約價在8100，可以看到兩者的風險結構圖，跨式的最大虧損值大於勒式，但其損益平衡目標較易達成，而兩者的希臘字母曲線也很接近，只是跨式在價平附近的變化稍微激烈。請讀者參照本範例以軟體實作來比較。

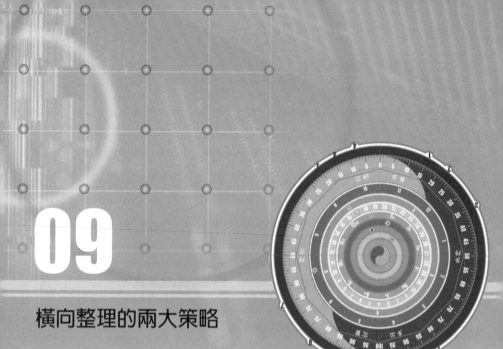

09

橫向整理的兩大策略

本章所介紹的蝶式與禿鷹交易策略，運用時機在於預期後市將轉為橫盤，它是一種希望隱含波動率將降回歷史波動率均值水準，並期待到期日時甚或整個在倉交易時段內都是橫向整理的一種策略。在之前第6章討論到Delta時，有約略提及「Delta中性策略」，本章的蝶式與禿鷹就是一種方向性風險很低，也就是Delta風險極小的「Delta中性策略」，主要的獲利來源在於部位在倉時間的流逝至到期日時，期貨價的落點在兩損益平衡點之內，由於風險結構圖左右兩端皆為水平的低風險特性，就算期間曾經大漲大跌來回沖刷，只要在將屆到期時行情冷靜下來，而且回歸中間區域的「體部」，這就是蝶式與禿鷹的獲利區間。

蝶式與禿鷹整體結構其實都是由兩個相同類型(Call/Put)之垂直價差所組合而成的，而且一個是多頭垂直價差，另一個為空頭垂直價差。以Call多頭蝶式價差為例，中間部分的履約價就是Call多頭垂差的高腳剛好與另一Call空頭垂差的低腳重疊在一起，因此才會只有三個履約價，其實當把中間履約價的兩口拆解為一口一口跟左右兩翅膀履約價相搭，就會了解筆者所言。因此，除了垂直價差本身就是一個低風險的策略以外，蝶式與禿鷹的兩組垂直價差又是多與空方向互抵，由此可確認它是一種幾乎不具方向性風險之Delta中性策略，所圖取的只是波動性降低與時間價值消耗的利潤而已。

經由筆者對蝶式與禿鷹的分析論述，相信讀者已對其有了初步的體會，接下來將利用軟體介面對策略的風險結構分析與比較，現在開始進入本章主題。

如果股票已經呈現強弩之末，預期即將進入盤整期，或者預期波動率將下降一段時間，這時候應該怎麼辦？如果認定股市將出現區間震盪，應該如何從這種價格型態中獲利呢？可以利用低風險高獲利的選擇權策略來達成這種目標。本章將討論的兩種策略是蝶式部位(Butterfly)和禿鷹部位(Condor)，即假定股價都停留在某個價格區間內，則經由我們選定的履約價格來建構這兩種策略，就能夠產生利潤。

蝶式部位

建立蝶式部位包括下列步驟：

可以全部用買權或全部用賣權來組合蝶式部位，但是不要把這兩者混淆使用。

用買權組成蝶式部位

步驟 1	買進1單位低履約價的價內買權	兩個關鍵重點：
步驟 2	賣出2單位價平買權	1. 買進價內買權，賣出價平買權，買進價外買權，此三者的比率是 $1:2:1$。
步驟 3	買進1單位高履約價的價外買權	2. 三個相鄰的履約價格必須等距，中間履約價格要接近價平。

或者：

用賣權組成蝶式部位

步驟 1	買進1單位低履約價的價外賣權	兩個關鍵應用：
步驟 2	賣出2單位價平賣權	1. 買進價內賣權，賣出價平賣權，買進價外賣權，此三者的比率是 $1:2:1$。
步驟 3	買進1單位高履約價的價內賣權	2. 三個履約價格的距離必須相等，中間履約價格要盡量接近價平。

蝶式部位是個淨借方（淨支出）交易，因為建立這個部位時，你所買進的價內和價外選擇權，將比你所賣出的價平選擇權更貴。請記住：在實際情況裡，即使你以限價單的方式進場，你的買進價

位將很接近賣價，你的賣出價位將很接近買價。如果對於進場的價位野心過大，就未必能夠有機會讓你的委託成交。因此，要從頭到尾去尋找一個令你滿意的價位來做交易，並且必須經過仔細的計算和充分考量風險、報酬、損益平衡等三個狀況。

圖9.1 作多買權蝶式部位

圖9.2 作多賣權蝶式部位

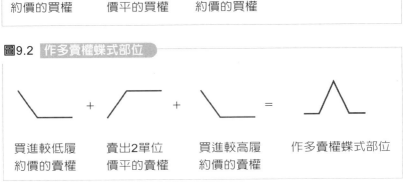

不管你使用買權或賣權來建立部位，蝶式部位風險輪廓如下：

作多蝶式部位	
最大風險	限於分散交易的淨借方（即你的支出）
最大報酬	限於鄰近履約價格之間的差距
	－所支付的淨借方
下檔的損益平衡	較低履約價＋支付的淨借方
上檔的損益平衡	較高履約價－支付的淨借方
淨借方的最大風險	淨借方的100%風險

正如跨式部位和勒式部位一樣，蝶式部位有兩個損益平衡點，其中之一在上檔，另一在下檔，但其餘的特性就不同了。蝶式部位只能夠產生有限的利潤，產生的利潤點只發生在中間接近價平的履約價格。

我們再度利用奇狐介面建構兩個其他條件相同的蝶式，除了類型分別用Call與Put，見圖9.3。

由此例見到兩個幾乎完全重疊的結構圖，在此又可複習並證明了多頭垂差與空頭垂差無論用哪種類型(Call/Put)的選擇權建構都是一樣的。

圖9.3 Call與Put多頭蝶式風險結構圖比較

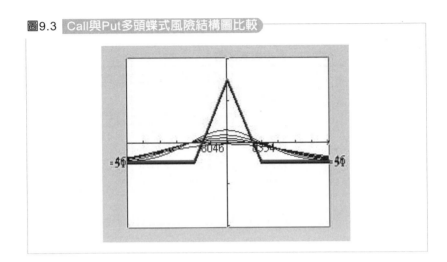

　　接下來分析多頭蝶式的希臘字母，以下範例是當期貨在8117時建構一組Call多頭蝶式，其組成為：買一口8000 Call賣兩口8200 Call買一口8400 Call，其希臘字母詳見圖9.4。

　　由左上角Delta來分析：當以履約價8200為分野，可看到當期貨下跌時，Delta變為正值並以很緩和的速度上揚，這對權利金輕微的不利，相對當期貨上漲時，Delta輕微的下滑為負值，也會對權利金輕微的不利，這就證明了它是一個方向漲跌對其權利金雖均為不利，但影響很輕微，然而，我們看右下角的Theta可知此一策略時間的耗損對它是有利的，而右上角的Vega則表示行情波動激烈對其是負面的。

圖9.4 Call多頭蝶式希臘字母圖

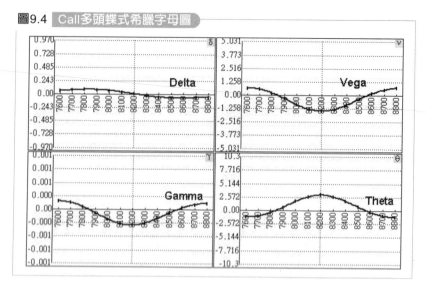

接著繼續分析多頭蝶式當快到期時是否會有較大幅度的變化，答案是有的！請見圖9.5。

我們可以看到蝶式的希臘字母當快要到期時起了激烈的變化，這也說明整個Delta中性策略的決勝點是在到期日將屆之時，損益的波動傾向在快到期時才會明顯，這個特性類似於垂直價差，只是它由於多空互抵，其期貨漲跌的方向性風險比垂直價差更低，也就是Delta的影響很輕微，主軸在於Vega與Theta，這在本圖也可以明顯獲得實證。

圖9.5 Call多頭蝶式距到期長短希臘字母比較

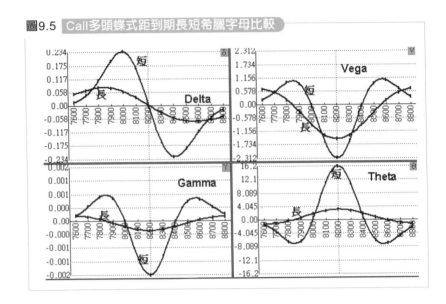

如何尋找建立蝶式部位的良好時機及操作技術

關鍵標準：

▶ 股票價格型態軌道。

▶ 隱含波動率和歷史波動率。

▶ 股價。

▶ 進出場時機。

同樣地，我們將個別檢視每一個因素，然後建立一致的方法，以便尋找與過濾作多蝶式部位的方法。

1. 價格型態軌道

我們想要尋找的價格型態要能夠清晰的確認支撐和壓力線，清晰的程度要足以讓我們舒適地感覺到：價位將停留在該區間範圍之內。當然不能保證這樣的事情究竟會不會實現，但是，我們終究只是單純地想要盡量降低風險。幸運地，蝶式部位原本就是天生的低風險策略，現在只要想辦法增加它的成功機會。

因此，步驟1就是要去尋找清晰可辨認的支撐和壓力的價格型態。蝶式部位的間距愈寬，成功機率就愈大，但是淨支出的借方風險卻會增大。

圖9.6 間距寬的蝶式部位

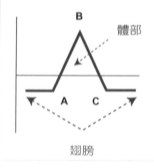

間距寬的蝶式部位特性：

1. 履約價格A和C間距較大，B則與兩者距離相等
2. 間距寬的履約價格，有較大的最大風險
3. 有較小的最大報酬率（如B點顯示的高度）
4. 有較高的利潤機會（因為損益平衡點上面獲利區間的全長較大）

圖9.7 間距窄的蝶式部位

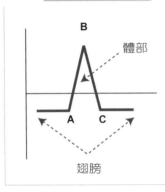

B
體部
A　C
翅膀

間距窄的蝶式部位特性：

1. 履約價格A和C比較接近，B仍然與兩者等距

2. 間距窄的履約價格，有較低的最大風險

3. 有較高的最大報酬率（但是達成的機率較低）

4. 有較低的利潤機會（因為損益平衡點上面獲利區間的全長較小）

2. 隱含波動率和歷史波動率

作多蝶式部位的理想世界裡，你將尋找的是具有高於平均值的隱含波動率，但是卻預期波動率會開始冷卻，在你的交易期間之內，波動率會一路下降。

說起來容易，做起來卻很困難，因為即使較低的波動率水平，並不必然有助於確定價格波動的方向。作多蝶式交易能否成功，完全決定於價位是否停留在一定的範圍之內，並且決定於目前價位是否就是在這個範圍以內，**價格方向**就是一個重要的決定因素。所以一定要注意，開始檢視波動率水平之前，必須確定價格分布確實有明顯的支撐和壓力。因此，應該檢視想要交易的股價是否正好在支撐和壓力水平之間，兩者的距離要相等。當一切就緒之後，較低履約價格就會正好在支撐下面，較高履約價格將正好在壓力之上，而中間履約價格將等距於兩者之間，並且要盡量接近價平。

3. 股價

同樣地，要避免價位太低的股價（低於$20），即使這時你已經很注意價格活動是否在既定的交易範圍之內。蝶式部位要有足夠寬廣的翅膀範圍，才有可能改善獲利機會，即使最後你必須為它多付出一些代價。

4. 進出場時機

如同所有選擇權交易，掌握作多蝶式部位的進出場時機是很重要的。下列幾項重點是這個策略的交易規則：

進場

一旦決定即將作多某檔股票的蝶式部位，就必須確認最近不會公布重大新聞。最理想的狀況是，所有關於該檔股票的重大新聞都已經發布了；亦即，獲利報告以及有關該檔股票或類股的任何新聞已經宣布。此外，最好是在政府已經公布重要指標（諸如消費物價指數、生產者物價指數、國內生產毛額、通膨報告）之後。這裡的觀念就是：不要讓任何意外來干擾股價區間盤整的型態。

屆期餘日

作多蝶式部位到期時間的抉擇完全是一種平衡的觀念。時間耗損有利於這個部位，但是部位留置的時間太長，反而有機會讓價位衝擊到蝶式部位的其中一翼。這裡面留下一個兩難的問題：

▸ 如果選擇太接近的到期日（1個月以內到期），就會面對大額度的淨借方，導致風險增加。因為這個部位唯一有實質價值的選擇權，就是你所買進的價內選擇權（不論是以買權或賣權建立的）。

▸ 如果選擇太遙遠的到期日（2個月以上），就會增加價位衝擊蝶式部位兩翼之一的機會，導致部位產生損失。

建立作多蝶式部位最佳的時間架構，就是選擇1個月至2個月之間的時間架構。理由是這樣可以讓價平選擇權（賣方的部分）有足夠的時間價值耗損，以降低淨借方的額度，進而降低部位風險，同時不會讓部位有太多的時間去承受價位衝擊兩翼的傷害。

出場

隨著時間接近到期日，部位的最大潛在獲利逐漸增加。讓部位盡量留置到結算日這麼做是有意義的，因為時間不足，標的資產價格衝擊蝶式部位兩翼的風險就會逐漸消失。如果你想要在到期日之前出場，只需要解開組合部位，賣出你所買進的選擇權，買進你所賣出的選擇權。

要密切注意可能發布的任何相關新聞項目，以及即將公布新聞內容的時間點。任何不對勁的事情都可能引爆波動率，以致傷及你的部位。誰也不希望在持有作多蝶式部位的期間內，出現任何有關股票、類股和相關產業的新聞。

蝶式部位 vs. 選擇權術語

Delta	◆ 當股價低於中間履約價格，Delta是正值，Delta的高峰出現在較低履約價格。表示股價從低履約價格往上漲，對於蝶式部位是有利的。
	◆ 當股價等於中間履約價格時，Delta是中性的（零），在這個點上，我們不希望股價移動，以便到期日的獲利額度達到最大。
	◆ 當股價漲至最高履約價格時，Delta是負值，Delta的谷底出現在最高履約價格。表示我們希望股價下跌，以便蝶式部位進入獲利區間。
	買權的蝶式部位和賣權的蝶式部位，兩者的風險輪廓都是一樣的。
Gamma	Gamma的谷底出現在股價處於中間履約價格的時候。這證明了股價移離這個區間，就會傷害到蝶式部位。Gamma的高峰出現在股價接近或低於較低履約價格，或出現在接近或高於較高履約價格。
Theta	Theta的風險輪廓正好就是Gamma風險輪廓的倒影。在中間履約價格到達高峰，在較低履約價以下出現谷底，或是在較高履約價格以上出現谷底。
Vega	Vega在蝶式部位的輪廓跟Gamma一樣。谷底也是出現在中間履約價格，高峰出現在較低履約價格之下，或出現在較高履約價格之上。
Rho	◆ 當股價低於中間履約價格，Rho是正值，高峰出現在較低履約價格。
	◆ 當股價等於中間履約價格，Rho是中性（零）。
	◆ 當股價高於中間履約價格，Rho是負值，谷底出現在較高履約價格。

接下來再以履約間距的寬窄來做風險結構分析比較,見圖9.8。

圖9.8 多頭蝶式寬窄履約間距比較

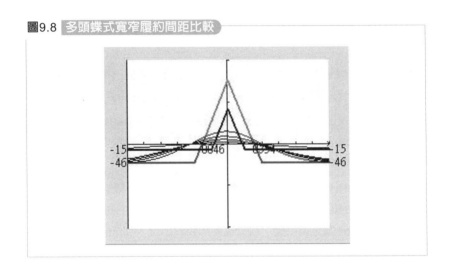

以上範例是一組較窄履約間距的Call多頭蝶式(履約價為81—82—83),與另外一組較寬履約間距的Call多頭蝶式(履約價為80—82-84),觀察兩者風險結構圖,較寬間距的蝶式擁有較多的最大獲利平面與高度,但同時它的風險,也就是兩端最大虧損風險也較大,不過,若以實務操作來說,確保獲利區的寬廣對蝶式或禿鷹都是比較重要的,所以選擇較寬的損益平衡間隔在交易上較有優勢,對行情區間判斷對錯的壓力也相對輕微。

圖9.9 多頭蝶式寬窄履約間距希臘字母比較1

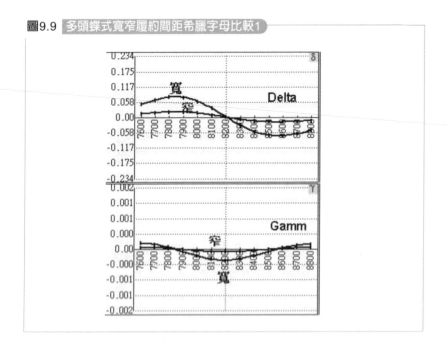

接下來就寬窄間距的希臘字母做分析，請見圖9.9。

雖然可以從上圖看出整體的Delta是很低的，但還是可以看出寬間距蝶式有比較大的Delta與Gamma。

再看圖9.10的Vega與Theta，此處可以看到寬間距的Vega與Theta的敏感度較大，當然兩者在快到期時，寬間距的Theta與Vega變化也會更加劇烈，請讀者利用軟體實作來體會。

圖9.10 多頭蝶式寬窄履約間距希臘字母比較2

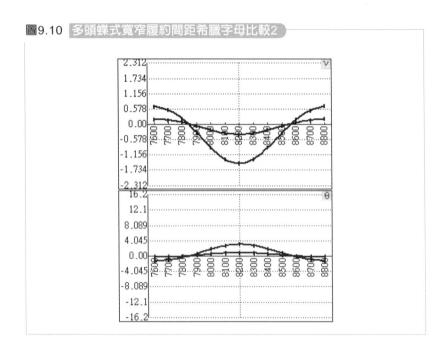

　　最後在結束蝶式交易解說前，先利用奇狐選擇權軟體介面的一個十分特殊的功能：「連結K圖」來介紹如何將風險結構圖與技術分析做緊密結合，筆者設計此一功能，對國內分析軟體可謂一大創舉，其主要功能就是將風險結構圖左旋90度，使旋轉後的風險結構圖其橫軸變成左為獲利、右為虧損的部位損益狀況，而縱軸變為往上為期貨漲、往下為期貨跌的標的物漲跌方向。請注意：這樣的話不就和一般在使用的技術分析圖形的縱軸標示期貨價格的漲與跌是一模一樣了嗎？那我們不就可以根據在技術分析圖形所看到支撐壓力來架構一個具有高勝算的選擇權策略了嗎？圖9.11就是「連結K圖」

的功能運用在規劃蝶式間距寬窄的圖示範例。

蝶式風險結構圖連結技術分析

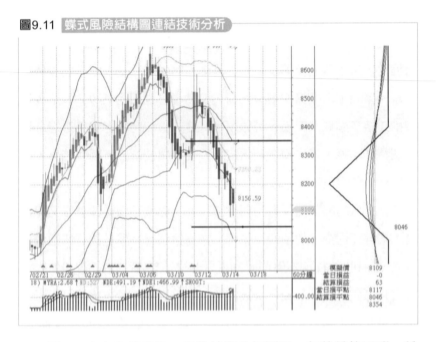

　　圖9.11中左半部就是一般的技術分析圖形，無論是使用哪一種門派的技術分析：型態研判、波動率通道等，筆者在此不作主觀的干預，畢竟技術分析者都有自己獨到的看法，此軟體功能主要在提供技術分析者可由此將分析結果與選擇權風險報酬結構緊密結合在一起，達到一個全新境界的交易素質，透過本節所討論的多頭蝶式，要如何架構兩損益平衡點之間的獲利「體部」呢？

　　假定這是一個經過上漲下跌之後所形成一個類似於「頭肩頂」的行情，但是在8050附近又好像是一個較大時間級數的「頸線」位

置，1、2週之內似乎不易跌破，但是從另一角度看由於布林通道（在此筆者運用兩組布林通道，而非一般的一組，在一些技術分析者又將此兩組布林通道的結合稱爲「天羅地網」），其整體已形成一下彎態勢，若果眞遇反彈也不大容易站回8400，於是大膽研判後勢將會是一區間來回擺盪的橫盤格局，波動率也會因而減緩。於是我們架構一組多頭蝶式交易，至於翅膀寬度該當如何拿捏呢？透過奇狐這個特殊功能，事先模擬適當策略然後可與技術分析圖型結合，增進策略研判的完整性，請讀者善加利用。

當一位趨勢追隨者型的期貨交易者，也就是均線黃金交叉時買進；均線死亡交叉放空的交易者，在這種情況必然是被行情兩面打耳光，而利用KD等擺盪型指標的技術分析交易者，這的確是他的舒適交易區段，直到最後一次被穿越的慘賠之前……。我們可否透過選擇權交易來獲得一些期貨交易者所無法享受的特殊利潤（如時間耗損的權利金收入），或是低風險的逆勢虧損成本（蝶式兩最大虧損端爲水平）呢？

聰明的讀者在此應該可以感受到選擇權策略交易所帶來的心理安逸度吧！筆者感慨在這金融市場許多人總是想成仙，追求百分百勝率的指標聖杯，筆者也是一位程式模組交易者，但在將近20年的交易生涯，筆者發現一個眞理，經由不斷精進模組的水平，的確可以提升整體行情判斷上的「勝率」，但百分百的指標只有神仙才辦得到，由於人類在投機市場的不理性行爲，當那低比例的失敗次數發

生時，往往就是鉅幅虧損的後果，甚至畢業出場。惟有透過選擇權交易的風險報酬非線性的特質，才會讓當判斷錯誤的那次虧損交易獲得「強制防護」的可控制局面，永遠要保留具有下次押注的氣力，這只有選擇權交易（風險端水平的那些策略）方能達成，要想靠期貨的「停損紀律」來確保氣數，筆者認為是過於高估人類了，人是生而無紀律的，至少在投機市場的確如此！

兀鷹部位

兀鷹部位和蝶式部位很類似，差別在於兀鷹部位多了中間一隻腳，也因此價差的寬度擴大了，風險走勢的上部也變得平緩許多。

建立兀鷹部位包括下列步驟：

跟蝶式部位一樣，你可以全部使用買權來建立，也可以全部使用賣權建立兀鷹部位，但是不要兩者混合使用。

用買權建立的兀鷹部位

步驟1	買進1單位低履約價的價內買權	兩個重要關鍵：
步驟2	賣出1單位較高履約價的價內買權	1. 兀鷹部位每一隻腳的合約數量要相同。
步驟3	賣出1單位較高履約價的價外買權	2. 四個相鄰履約價格的間距要相同，股價要在中間兩個履約價格之間*。
步驟4	買進1單位較高履約價的價外買權	

* 雖然這是兀鷹部位的嚴格定義，但是兀鷹部位也可以如下建立：其中一個外端履約價格與其相鄰履約價格的距離，必須等於另一個外端履約價格與其相鄰履約價格的距離。

或者：

用賣權建立的兀鷹部位

步驟1	買進1單位低履約價的價外賣權	兩個重要關鍵：
步驟2	賣出1單位較高履約價的價外賣權	1. 兀鷹部位每一隻腳的合約數量要相同。
步驟3	賣出1單位較高履約價的價內賣權	
步驟4	買進1單位較高履約價的價內賣權	2. 四個相鄰履約價格的間距要相同，股價要在中間兩個履約價格之間*。

* 雖然這是兀鷹部位的嚴格定義，但是兀鷹部位也可以如下建立：其中一個外端履約價格與其相鄰履約價格的距離，必須等於另一個外端履約價格與其相鄰履約價格的距離。

兀鷹部位是個淨借方（淨支出）部位，因為買進的價內和價外選擇權會比兩個中間接近價平的選擇權更昂貴。野心不要太大，記得要用限價委託下單的方式來建立這個部位！

圖9.12 作多買權兀鷹部位

| 買進較低履約價買權 | 賣出較高履約價買權 | 賣出較高履約價買權 | 買進較高履約價買權 | 作多買權兀鷹部位 |

圖9.13 作多賣權兀鷹部位

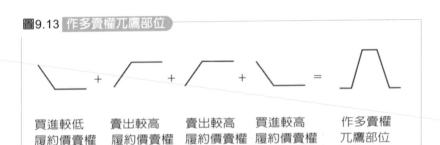

| 買進較低
履約價賣權 | 賣出較高
履約價賣權 | 賣出較高
履約價賣權 | 買進較高
履約價賣權 | 作多賣權
兀鷹部位 |

不論是以買權或賣權來建立，兀鷹部位的風險輪廓如下：

作多兀鷹部位	
最大風險	限於你所支付的價差淨借方
最大報酬	限於相鄰兩履約價格差距－淨借方支出
下檔損益平衡	最低履約價格＋淨借方
上檔損益平衡	最高履約價格－淨借方
淨借方的最大風險	淨借方的100%

如你所見，兀鷹部位也有兩個損益平衡點，這個策略跟蝶式部位很相似。兀鷹部位只能夠產生很有限的利潤，而取得利潤的地方是在兩個中間履約價格之間。

以奇狐介面來建構一組多頭禿鷹策略，見圖9.14。

圖9.14為Call多頭禿鷹的風險結構圖，本章導論有提到禿鷹是兩組多空頭垂差所組成，本圖例是利用四個Call各有一履約間隔（100點）所形成之多頭禿鷹，分別為買8000 Call賣8100 Call，賣8200 Call買8300 Call的四個元件組合而成，前兩個就是一組買低賣高的多頭垂差，後兩個就是一組買高賣低的空頭垂差。

圖9.14 禿鷹風險結構圖

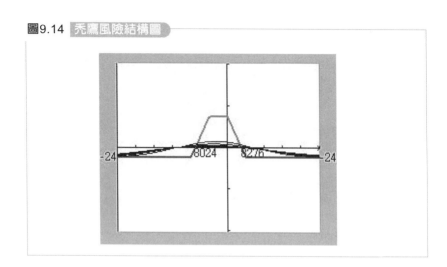

　　由風險結構圖看來，在兩損益平衡點之外側的最大風險為—24點，而當結算時在8100至8200之間會獲得最大利潤76點，圖9.15為其希臘字母圖形。

　　由圖9.15得知多頭禿鷹是一個極為溫和的交易策略，這都是所謂「Delta中性策略」的特色。以往教科書上都只對選擇權的各種組合策略採用時間與情境都是固定的研討方式，好處是可以在學習過程裡不致於受各種變數變化的干擾迷惑，缺點卻是不合乎實務操作所面臨的各種狀況因應，就如同已故的Zone3李榮祥老師所說的一句話：「選擇權交易唯一會被限制的，是我們自有的想像力。」缺少跨出既有窠臼思維的研究方向，就無法一窺廟堂之美。在本範例中的多頭禿鷹策略，如果依照教科書給定的四隻腳同時架構的方式，所看到的便是前面所提的一般多頭禿鷹範例，其風險結構損益

圖9.15 多頭禿鷹希臘字母圖

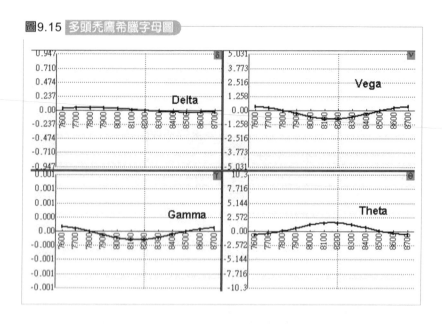

便有如嚼蠟一般的無味。假設我們的思維穿出了城牆，禿鷹便會長
出了翅膀。若把禿鷹當做兩個分時段架構的多頭垂差與空頭垂差，
如下圖9.16：第一階段先在行情研判箱型區間的底部，先架構低風
險的Call多頭垂差，也就是當期貨在8117時，買8200 Call@110點，
賣8300 Call@68點；當期貨後續漲200點至8317到了可疑箱型高檔
時，再建立Call空頭垂差，也就是賣出8400 Call與買8500 Call；我們
將會發現，一前一後分批架構後多頭禿鷹最後風險損益變成一隻不
敗的火鳥，也就是幾乎沒有風險的完美部位，我們對於選擇權多樣
性變數，應在基本馬步紮穩之後，開放自我思維，適當地訓練自己
同時處理兩個或以上的變數，將會看到一個全新的境界，請讀者善

加利用奇狐介面來完成自我的訓練，本範例圖示見圖9.16。

圖9.16　**分批架構禿鷹之風險結構圖**

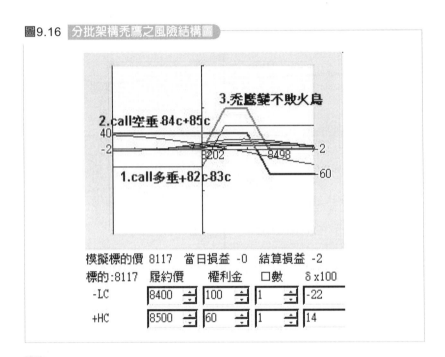

蝶式部位和兀鷹部位的比較

▶ 就兀鷹部位而言，在兩個中間履約價格之間，我們會有比較
大的報酬率空間；而蝶式部位的最大報酬只出現在到期日
時，股價正好著陸於中間履約價位之上。

▶ 兀鷹部位會有比較大的淨借方，因爲如果是以買權建立部位
的第一隻腳，或是以賣權建立部位的最後一隻腳，都是買進

深度價內的選擇權，所以成本會比較貴。

▸ 兩種策略都提供投資人有限的最大風險，以及有限的最大獲利。然而，這些策略的最大風險都是投資人所支付成本的100%。

我們學會了蝶式和兀鷹部位，可以使用在股票交易的價格型態呈現水平軌道的情況。我們所列舉的實際生活例子，並沒有事後的資料來印證，能夠去做的只是分析並探討其中的交易，只是因為筆者純粹不想操作本例中的兀鷹部位。

快速掃描

操作蝶式和兀鷹部位時，觀念上，你必須尋找盤整或是上下震盪的價格型態，並且有很明確的支撐與壓力線。蝶式部位是一個比較簡單的交易，它只包括三隻腳，可以很容易的把價差安置在目前價格上面。兀鷹部位很容易出問題，因為通常來說它的成本較貴，在本章的例子中，你未必就可以發現最佳履約價格來建構這個交易。

如果股價沒有移動超過或過於接近損平帶範圍，你就可以在到期日賣出價差，以便取最佳報酬率。這兩個策略的問題就是，通常你必須等待到期日，以便獲取接近最大報酬率。等待的時間愈久，愈有可能會讓股價衝擊到損益平衡範圍帶。

請記住：蝶式和兀鷹部位最外面的履約價格應該超出你所確認的支撐壓力範圍。換言之，最低的履約價格應該低於支撐帶，最高的履約價格應該高於壓力帶。如果股價能夠停留在支撐壓力帶之中，你就能夠獲利了。

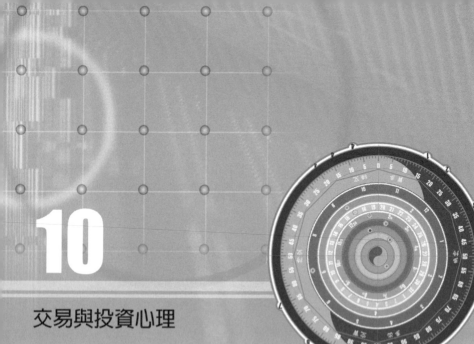

10

交易與投資心理

▸ 面對迷思、接受現實

▸ 切勿迷信明牌，養成做記錄的習慣

▸ 調整至最理想的心態

▸ 重建資源豐富的狀態

▸ 資金管理與制定交易規則

　　你是什麼類型的投資人？或者你不只是一個投資人，你進入這行業是爲了尋找刺激或者只是想冷血地吸金？你的交易是機械式的，或者只是想賭它一把？你喜歡建立一個交易系統，還是你交易的動機只是爲了獲利？

　　這些都是很重要的問題，你必須百分之百誠實地思考與回答。你可以不必去扮演「不是你自己」的角色，因而節省下許多時間、金錢和能量！你跟你自己的對話，比你跟別人說的話還要重要，雖然後者也很重要。如果你企圖擊出全壘打而遭受失誤，就坦白認錯吧！承擔責任才能夠解決問題。許多新手不斷地企圖擊出全壘打，但卻百思不解爲何他的交易資金所剩無幾！

　　請冷靜面對迷思、接受現實，切勿迷信明牌，並養成做記錄的習慣。

面對迷思與接受現實

迷思	現實
股票可能無限下跌。	股票可能跌至零 —— 果真如此，則做多股票，除非有設定停損，否則可能遭受100%的損失。

迷思	現實
股票可能漲不上去。	這項陳述就如上則鬧劇一樣,並沒有真正的意涵。理論上,股價可以永恆的上漲,雖然我們都知道,沒有任何事情可以永恆不變。好的時機或壞的時機,股票會分別出現增值或貶值。市場有時候是不理性的,會把行情炒過頭,某些時點,許多證券不是被高估就是被低估。如果市場不是如此,我們就沒有任何機會做交易或投資了。這些過度的市場行為都是由於大眾的貪婪、恐懼,以及市場的大肆宣傳所造成的,而這些在每天都會帶來許多的交易機會。
股票過去5年來,每年成長2倍,因此今年還會再成長2倍。	我們都知道股票有自己的個性,但這種說法卻把股票的個性扯得太遠了。我曾經目睹這種老師開班授課,以過度簡化的觀念來誤導學員。不管過去發生什麼,都不能夠保證未來還會再發生。過去的確會為未來的證券帶來一些線索,但是每年成長1倍,卻是過於概括論定。我們最好要遠離這些過分簡化的方案以及狡辯的結論。他們都是以擅於闡述而致富,但卻浪費投資人的時間。聽起來很完美的,就不大可能是真實的。交易與投資是一項嚴肅的事業,應該以尊敬的態度去面對。確信你做得到,這才是本書的目的,而你必須為它奉獻出時間與熱情。 當1990年代大多頭行情時,這種荒謬的論調到處充斥。一定要避免聽信這種全面性的說明與預測。開始學習把價格運動當做是一個交易機會,

迷思	現實
（接上頁）	只要價格違背了停損(stop loss)或是你所預設的參數，就要儘早承認失敗。
放空股票太危險了⋯⋯	放空股票的風險並不會大於買進股票，只要你能夠善設停損，並且做好資金控管。事實上，股票下跌的速度通常都會大於上漲的速度，放空並不會比較危險。請不要把放空股票跟赤裸放空選擇權混為一談。赤裸放空選擇權具有高度危險性，筆者並不想向任何人提倡這個觀點，除非你已是個資深的投資人。 放空股票令人激烈反對的原因，可分為三個方面來說。第一項就是交易規則的技術性運作。放空就是把原本未擁有的東西賣出。為了達成放空目的，你必須實際上向經紀商借股票來賣出。為了把部位平倉，你必須買回股票，最好是以較低的價格回補，這樣才會有錢賺。第二項就是平檔上規定(uptick rule)，這個規定聲明你只能夠在平檔放空股票，所謂平檔以下不能放空就是平檔上才可以放空。對於直接進入的當日沖銷客而言，每天經歷數百檔(tick)的價位，這個論點可能是有效的，因為每一檔價位對於他們來說都是有意義的。但是對於其他交易者和投資人而言，這個規則和利益互相權衡之後，就不是最重要的因素了。第三項關於放空的抱怨就是你必須實際上付出股利給股票持有者，所以要確定不去放空即將發放股利的股票。

迷思	現實
（接上頁）	身為交易者，並不會真正經歷技術性運作的部分，坦白說，除了發放股利之外，又有什麼分別？其次，確實有技術性運作之無限損失的風險，但是只有當股票快速飆漲，它才是真實的。正如以前討論的，經過一個晚上，股票價值縮水成一半的機會比膨脹一倍的機會還要大。把安全的層面列入考慮之後，我們最好要避免在公司公布營運報告之前放空股票。重大消息面公布前，應該盡量避免從事任何交易（除了跨式部位）。揀選股票的漲跌方向本身，可能是你整個工作的重點，但是筆者卻認為把證券視為只會上漲的工具，卻是更加危險的想法。這是一個目光偏狹的觀點，當然偏離了主流的多頭展望。把上漲和下跌兩種價格運動都視為交易的機會，這樣就不會到頭來落得只是在尋找根本不存在的徵兆。 從心理學的角度分析，接受股票下跌可以賺錢的觀念可以改變整個交易和投資的心態。剛開始的時候，它就像是一個商業決策過程。你不再只是尋找會漲的股票，而是去尋找不論漲跌都有獲利機會的可能性。這是一種更健康的態度，因為你從一個中性的立場出發，而不是從單純的多頭方向出發。

迷思	現實
選擇權的價格愈低愈好,即使價格低的原因是因為接近到期日。如果只有$1,我最大的損失也不過如此。	大錯特錯!我曾經見過有人持續不斷地這樣做,結果在幾天之內,他們的交易都出現100%的損失(更不必提及戶頭裡的金錢損失)。當你買進選擇權的時候,要有足夠充裕的時間,讓部位站上正確的一方。便宜並不重要,即使每個選擇權只支付$0.1,但損失100%就是100%。如果你真的需要高槓桿,並且堅持操作短期間的選擇權,你就需要針對時間耗損做避險,這意味著你必須買進深度價內選擇權。以成本的觀念來說,這樣做可能會比較昂貴,但是卻會更具有價值,因為當到期日逐漸接近的時候,就不會喪失許多時間價值。 請記住:便宜的短期間選擇權,到頭來可能就會是極為昂貴的選擇權。

勿迷信明牌並養成做記錄的習慣

當你從事任何交易或是分析盤勢之前,要讓自己放輕鬆,充滿信心且學習自我控制。	有一個著名的統計敘述:把80%的成功交易歸因於心理層面,20%的成功交易則歸因於技術能力。我不知道他們是如何統計的,但是這個論點是合理的。不論你有多好的交易技術、多強的知識背景,成功的交易還是跟心態絕對有關,你必須有健全的心理狀態去公平地做你自己。

擬定自己的投資與交易計畫，以精確和詳細的語言寫下來。	不要把交易規則跟所謂的黑箱作業系統互相混淆。所謂交易計畫是一組讓你能夠屢試不爽而毫不懷疑的交易規則。當然，你可以允許讓這些交易規則存在著某種彈性、組合和變更，但是一定要清楚地寫下並且熟記在心。當你從事交易或做投資決定時，要能夠靈活地運用這些規則。 達成這個目標的最佳方式，就是製造一張簡潔而視覺化的心靈地圖。所謂心靈地圖，就像是把交易規則想像成一個樹幹，分出許多側枝，以不同的顏色和符號來描述這些規則。和用筆寫下來的交易規則表格相對照，具有異曲同工之妙，兩者可以並行不悖。 下一章將針對這個範圍做更詳盡介紹，交易規則必須包括何時進場、何時出場、何時使用特定的選擇權策略，以及何時啟動停損機制，這些都可以根據不同交易策略而做變更。
只使用你能夠忍受範圍的風險資金。	這是金科玉律，千萬不可使用基本生活所必需的購買食物資金、支付租稅及抵押貸款等資金。賭注已經夠大了，不要再增加你無法承擔損失的資金。 此外，如果合夥關係還要繼續的話，不可使用你和夥伴之間會引起爭執的資金。 信不信由你，如果你開始正式進入交易生涯，兩年之後你還在這個市場，你就算是成功的；而如果到了那個時候你還有獲利，你就是一流的。在交易與投資的世界裡，充滿了前人的遺跡，他們

（接上頁）	不是對市場失去興趣，就是把資金輸光了。以合理的預期開始，從最低的風險資金出發。當你已經逐漸進步之後，才可以輕鬆地漸漸增加風險資金。 基本原則就是在任何交易中，不要承擔交易資金5%以上的風險、$20,000以下的小額資金帳戶，並且不要承擔10%以上風險。
不要過度交易。	只安排你能夠輕易處理的交易次數！如果你能夠立即輕鬆的、自信的、從容的處理二十個交易，那是很好的。並不是每個人都一樣，每個人都有自己不同的交易風格。誠實地發現最適合你自己的投資組合模式與交易的時間架構，對於長期的投資者而言，大規模的投資組合比較容易控制；對於短期的當日沖銷客而言，一、兩次的交易，也就足夠了。
操作選擇權必須事先了解風險輪廓。	不管選擇權的部位有多簡單，在你從事交易之前，請務必確認你想要做的部位，它的風險、報酬和損益平衡點。這些數值及個別的圖形就是掌握整個交易的眼睛。做交易必須睜亮眼睛，並且利用工具來幫助你達成這個目的。
謹守二至三種你比較喜歡而有用的策略！	世界上最成功的交易者只使用一、兩個交易策略。做投資判斷的時候要考慮的東西很多，不必再把事情複雜化。事實上，未來行情只有三種可能——價格不是上漲就是下跌，不然就是橫向整理。其他唯一需要考慮的參數就是時間尺度，也

（接上頁）	就是上漲或下跌需要多久的時間，或者價位維持停滯或區間震盪需要多久的時間。考量這些因素已經夠你忙了，不用再去考慮其他各種不同的策略！ 不一樣的人有不一樣的策略，這就是本書提供這麼多策略以供讀者選擇的原因。只要你熟悉某項策略，使用起來很順手，成功機率又很大，你就必須謹守它，不要輕易自做聰明做變動。
持續記錄交易細節。	挑選一本大的日記簿，養成每天記錄的習慣；記錄的內容是你所挑選的股票，以及挑選該股票的理由。你必須記下股票代號，預測的漲跌方向，預測的理由即支持你的判斷之技術分析或基本分析，以及你預測走勢發動的時間架構。 當你完成一項交易，也要記錄交易時間、交易策略，以及你認為會影響決策績效的任何相關細節。我認識某些非常成功的交易者，甚至記錄了當天的天氣、吃了什麼食物和飲料，以及其他所有種類的細節，他們持續不斷地分析這些資料，作為調整交易計畫的參考。
避免水餃股(penny stock)和流動性不良的股票。	不要愚蠢地認為便宜的股票必然是有價值的股票。同時也要確定，買得進的股票也要能夠賣出。流動性不良的股票，通常會導致股價波動率增加，買價和賣價之間會出現寬廣的差距。避免這種證券，就要篩檢每天的平均成交量至少在50萬以上的股票。

不要對於某檔股票有過度的愛憎之心，或是對於某個部位留戀不捨。

這是一個大原則。股票本身不會替你賺錢，是你的決策讓你的部位賺錢，只有當你平倉你的賺錢部位，賺的錢才能夠進入口袋。

同樣地，股票本身也不會讓你虧錢。所以如果你想要「攤平」過去該檔股票所導致的虧損，是一點意義也沒有的。你不能因為過去某檔股票讓你賠錢，就斷定以後那檔股票不會讓你賺錢，只要根據你的交易規則，該檔股票觸發你的交易訊號，就應該毫不猶豫地進場。同樣地，過去某檔股票讓你賺錢，也不保證該檔股票未來不會讓你賠錢，儘管你已經摸透該檔股票的習性。如果你願意注意漲跌兩個方向，把握獲利的機會，那麼成功的機率就會比較大。如果你發覺自己談話的內容是這樣子的：「我投資了甲公司，它一定會漲，因為……。」請用力擰自己的耳朵，再重新思考清楚。或許真的會漲，不過請你弄清楚，你的判斷是否毫無偏見，並且謹守你的交易計畫。不論如何，絕對不要有例外。我已經聽過無數次哀怨的話語：「我就是不懂，這支股票為什麼一路下滑！」所以突破預設的停損價位，或是違反交易規則的某個部位，都應該不吝惜的斷然出場，以免受傷太甚。

股票、商品、債券通常只是作為買賣的工具。某些人只交易一種股票、指數期貨或商品期貨。這樣很好，因為這樣做的話不至於留戀某一個部位，而只是把該證券當做作多或作空的交易工具。

參觀交易所。	至少花費一天的時間去參觀交易所，收集交易所內發生事件的第一手資料。尤其是住在金融商圈中心的人更沒有藉口不去參觀。這樣做將幫助你發現你的委託單是如何被執行的真相。我這裡所做的建議，只是讓你了解市場機能性運作的部分，而不是深入的理論觀點。
	在公開喊價(open-outcry)系統的市場裡，事情進行的速度很快。你將會了解場內交易員(floor-traders/locals)並非真的很介意你個人的交易。總有一天交易者會偏執地認為，場內交易員以某種方式共謀吃掉他的停損委託單。這裡有兩個解決方案：第一個方案是停止你的偏執心態，你不能以不健全的心態去從事交易；第二個方案是小心設定你的停損委託價位。
設定停損委託（至少要設定在腦海裡）。	設定停損委託是一種藝術，也是非常個人化的私事。盡量避免把停損委託設置在眾人矚目的明顯位置，稍微把停損位置挪動一下。以避免了解情況的場內交易員總是受到停損委託密集區域的吸引，而讓價位抵達這個位置吃掉停損委託。
	本文所要達成的目的就是避免成為一個賭徒，而把交易紀律拋諸腦後。你可以想像下面描述的情境：一個從賭場回家的丈夫，回到長期忍耐的妻子身邊。他已經答應妻子，如果賭博，一定會把賭注限制在$100以下。但是他卻夾著尾巴回家，著怯地承認實際上他已經讓$1,000泡湯了。只有在這個時候，他才又耀武揚威地宣稱：「別擔心，親愛的，明天晚上妳看我把它全部贏回

（接上頁）	來！」這是一個惡夢。千萬不要成為賭徒。不管參與任何交易都要嚴守紀律；從分析到進場，從管理部位到出場，都要嚴守紀律。
盡可能不要違逆市場	如果你建立方向部位，要確定你跟市場是一致的。市場比任何個股更有力量。你應該永遠記住，在進場從事交易之前，必須先知道市場發生了什麼事情。
喪失交易機會總比金錢損失更好 (Joe DiNapoli, 1988, Trading with DiNapoli Levels)。	不要為了喪失交易機會而懊惱，更別把少賺的錢當做真實的金錢損失。你喪失的只是機會，實際上你的銀行帳戶並未受到影響。你並沒有花費任何金錢，既未損失金錢，也未賺到金錢，所以為它惋惜是毫無意義的。如果你漏失一個大好機會，反省一下是什麼原因讓你沒有付諸行動，至少你欠自己一次機會。市場每天都有機會，下次你發現另外一個機會，就要記取教訓，根據過去的經驗，只要符合你的交易規則，就可以果敢地付諸行動。
避免從朋友、親人、朋友的朋友接受明牌，除非你把它融入跨式或勒式部位，或是合成買權部位。	實際上，每個人都曾經聽過股票報明牌，我們也都曾經被它燙傷。接受現實吧！我們都是凡人，將來還是可能再收聽這些小道消息。 而處理小道消息的因應之道，就是建立跨式、勒式或合成買權部位，買進股票和賣權。事實常常都是與這些小道消息所預測的行情方向相反，並且行情總是以很快的速度前進。建立合成買權部位，就是當你買進股票之後，至少還買進一些保險（參考第5章「合成買權部位」）。建立跨式或

（接上頁）	勒式部位，就是認為有小道消息的股票，即使將出現大幅波動的行情，只是不確定將往哪一個方向前進（請參考第8章「跨式和勒式部位」）。
避免預測。	即使擁有最棒的後台系統(back-office)以及高科技設備的分析師，也常常會預測錯誤。儘管有某些人曾經挖苦說：分析師存在的理由就是為了吸引法人客戶，而不是要正確地預測行情。最重要的是，別被經常性的市場方向預測所吞沒了。 你可能會質疑：「交易和投資不是要先取決於價格預測嗎？」這是一個很好的論點。可是應該強調的重點不是預測，而是快速反應市場所提供的資訊，不管是經由技術分析或是基本分析。這可能有些語意學上的意義，但是不斷地和同好們做預測會養成根深蒂固的習慣，產生心理狀態改變的危險，而開始迷戀自己的預測，即使該預測已經變成錯誤。在這裡想要表達的是，務實地做交易，把它當做專門的事業，並且使用成功機率較高的交易技術。正如史廣哈納(Susquehanna)投資集團傑夫‧雅(Jeff Yass, Schwager, 1992)表示：「如果你能夠放棄自我，並且仔細傾聽市場所說的話，就會獲得很廣大的資訊來源。」
對自己的行為負全部責任。	不管交易的情況是好或壞，都必須承擔全部責任。畢竟，那是你自己的錢，即使那是經紀商勸告你去做的，必須還是由你親自壓下按鈕。藉由責任的承擔，你就會養成自我控制的習慣，連續做出優良的交易，糾正不良的決定或策略。這個

（接上頁）	規則同樣適用於一般的生命現象，而不只是交易行為。那些經常責備別人或埋怨環境的人永遠不能夠解決問題或爭論，主因就是他們赦免自己，不願花力氣去矯正他們所處的惡劣環境。
	承擔責任並不等同於自我貶抑。你要避免這種自我挫敗的言詞，例如，「如果我剛剛這樣……」或「唉！我真愚蠢！」而是以更健康的心態去回顧你的交易，誠實地問你自己：是否真的跟隨交易計畫去執行，如果不是，下次你將如何矯正該問題。例如，你是否能夠把交易計畫做得更具強制性嗎？
要避開訊息布告欄 (message boards) 如同避開瘟疫。	這種地方大部分都很危險，無辜的新進者常被那些整天無事可做、只會鼓吹或抨擊某檔股票的人所操弄。布告欄裡的情緒都相當高漲，我們都知道嚴肅的投資者與交易者的心態和情緒絕不會起伏不定。在聊天室(chatroom)和討論會(forum)裡，充滿大量的錯誤資訊，筆者建議是要如同避開瘟疫一般，盡量避開這種場合。雖然這裡最好的人常常都是心地善良，但卻是情緒不穩定的投資交易者；最壞的還是騙子的遊樂場。不管如何，我的忠告是盡量遠離這些地方。當然，那裡可能有幾個還算親切的人，但是就我所知，對於那些缺乏知識或消息不靈通的人而言，可能會造成極大的危險。
上課之前，對於老師的背景做好功課。	問題並不是在交易的領域裡沒有足夠的教育，而是那裡充滿太多無用的東西。請特別小心那些廣

（接上頁）

告，想要賣給你一個夢想。而夢想正是他們所要賣的東西，只是這個夢想會變成一場惡夢。與這個事業需要的是誠實。你可以藉由精通知識與實際應用這些知識，而成為成功的投資交易者。倘若你是新手，並不可能在一夜之間成功，你必須把它當做你的嗜好。這是生命中很現實的，想要發現真正有益而且實用的部分，總是會伴隨著發現一堆無用的廢物。

我曾經在某個討論說明會被所聽到的內容嚇呆了。在這個場地，人們會被嚇跑的原因，就是那些最令人倒胃口的天花亂墜兜售者。我曾經看過某個討論會，比喧鬧的童子軍大會好不了到哪裡，就像得了集體組織的歇斯底里，塞滿不實的陳述。數週之後，我遇到這些說明會的團員，他們完全被搞糊塗了，而不知道將往哪個方向轉，尤其是當他們剛剛把風險資金輸光，但是情緒卻仍處於激昂狀態時。

沒有實際經驗而倉促上場的新手是很危險的。你應該要求查閱他們的證書，例如，他們是否有任何金融經驗，不管是學術性的或商業性的。我曾經看見有人創立課程，他們不但沒有金融背景、只有幾個月的投資經驗，並且也已經輸掉所有的交易資金，所以創立這個課程來產生收入！這太可怕了，但卻是事實。

不要錯失具有學術背景的教師，假如他們還有溝通的技巧可以維持你的聽課興趣。了解學術性的理論，比較不會誤報所謂的「驚奇新發現」。尋

（接上頁）	找好老師的訣竅就是，他不只能夠深入了解主題，並且能夠使用和傳達這些知識，以達到在市場上獲利的實際效應。
	那些只有純粹商業性背景的教師，更有可能變成出賣夢想的人。他們在多頭市場可能還有不錯的交易紀錄，但是你會很驚訝地發現，這麼多所謂的老師，卻有那麼可憐的交易紀錄！我曾經目睹某位知名的老師做了一筆交易，我所見到不是令人愉快的景象。為了一筆委託的成交而向著電腦螢幕詛咒和叫喊，只要部位獲利稍微下降，就激動地捶著桌子！這並不是什麼偉大的交易者心理特質！我並不是說做不到的就會教不好。但是我主要的反對理由是他們讓人誤以為他所做的就是他所教的，但是實際上並非如此，而他自己的不幸操作結果，就已經支持了這個理由。我曾經在課程中看見講師承認自己沒有做過交易。假如他承認算了，但接下來就要看你自己決定是否願意試用那些教材，然後下定決心。
	最後，你可能會想要知道有關將要求教老師的背景資料。可以詢問那些已經離開的團員，或是已經讀過教材的團員，請教他們：
	1. 是否學到什麼有用的東西？
	2. 他們是否實踐過所學的課程？
	3. 講授的內容應用於實際上的成效如何？
黑箱作業系統並非永遠有效。	為了觀念清晰起見，這裡所講的是系統的類型，這種系統的使用者只是單純地取得自動訊號作為制定決策的指引。

（接上頁）

筆者並未進入黑箱作業系統，但是卻曾經以無比的熱心測試過許多這類系統！這些系統傾向於在一段時間之內具有不錯效果，然後不錯的效果就終止了。問題出在設計程式的定義是靜態的，程式的結構上是死板的，因此無法隨著經常改變的市場狀況，而做出自動化的調整。你節省許多寶貴時間，離開所謂的「所有祈禱者的答案」吧！使用這種系統真正成功的關鍵就是，在效果不錯的有限時間之內，立即跳進去。如果你能夠在該系統終止效果之前趕緊停止，你就會賺一筆財產！如何在大船即將啓航的時候上船，並且在開始變成沒有效果之前，立即離開那艘船？大部分的情況都是早在你發現之前，就已經錯失品質保證(sell-by date)的時機。

請記住：要把投資和交易當做你的事業，這是需要加倍努力的，要避開任何宣稱不必做什麼就可以很快賺到錢的宣傳。我並不建議非得成為火箭科學家才能夠得知竅門，你必須自己付出很多努力，所以要準備好，確定你做得到，報酬就會自動來找你。

小心社論式廣告，聽起來太好的就不可能是真的！

有許多言論和刊物，宣稱它們產生空前的成功績效。標題諸如「自動達成無比的獲利！」我曾經見過最不道德的號稱無敵系統，竟然從未被測試，只是仿冒一個最佳化的程式！這個系統本身的基礎，就是後見之明的優點而已，並沒有什麼價值，因為交易者所缺少的正是那種優點。不只是這樣，在小印刷體中的警語，竟然承認該系統

（接上頁）	的績效結果都是使用中間價格為準，而沒有考慮買價－賣價之間的價差。這樣就無法測試任何花言巧語的系統。
	紙上交易(paper trading)是一種有效的研究練習方法，對於任何系統都可以使用這種方式去挑選。然而，紙上交易必須好像真正在做交易一樣。這表示你必須買在賣價賣在買價。把正確的手續費用加入，並且自己必須完全地誠實。紙上交易並不像真實金錢賭注的交易一樣，因此為了系統的效用性與正確性，自己的誠實與否是很重要的因素。
照顧身體，多運動。	交易與投資都必須花費很多時間在電腦螢幕之前。我們有必要外出，以便讓血液的流動方式更健康。我並不建議做馬拉松賽跑，但確實有必要去呼吸新鮮空氣，並且做體操，即使遛狗也不錯。如果沒有其他事情干擾，心靈將獲得自由。某些交易者喜歡假繩釣魚，我也曾經嘗試，只為了觀察緊張的心情是如何變化的，並且發現其中變化的祕訣。當你從事一項諸如假繩釣魚的活動時，必須十分專注，你必須全神灌注，無法分心想其他事情。這樣子是很健康的。你最不該做的事情，也是應該逃避的事情就是──思考有關交易的事情。尋找一個可以使你逃離工作的活動，以取得生活上的平衡。有句格言說：「改變你的身體，就會改變你的心智；改變你的心智，就會改變你的身體。」

（接上頁）	精力是這個遊戲的重要因素，所以你也應該考慮所吃的食物。筆者並非倡導任何特效的食物，但是適度的運動是一件很好的事情！筆者現在避免喝咖啡，並非我不喜歡，而是我能夠感覺它所帶來的不安，它並不能夠幫助我平靜，所以改喝無咖啡因飲料！不論它對你的作用如何，一定要確定它真的對你有用。味道絕佳的食品未必對你有用！

最理想的心態

　　當你感覺很糟糕、沮喪、陰鬱或急躁而緊張的時候，你還能夠做出完美的決定嗎？猜猜看，有多少人能夠在壓力沉重之下做出正確的交易與投資決策！事實上很多人都能做到。那些人當中還包括所謂的投資大師，我就曾經親眼目睹！那麼最理想的心態要如何達成呢？

　　這可以說是本書最重要的部分。**沒有健全而井然有序的心理架構，就不會有順利的賺錢交易。**心理架構並非只是設定交易規則的問題而已，雖然設定交易規則是建立心理架構過程的一個重要部分。設定交易規則必須經由強制訓練開始，然後繼之以紀律和信心。

放輕鬆、自信及克制

最理想的心態會讓你感覺自我完全地放輕鬆、有自信並克制得宜。這個道理可以應用在交易或是任何其他追求完美的事情上。

放輕鬆

當你想到它的時候，就會給你一種完整的感覺。放輕鬆的感覺就是身心合一保持絕對的最佳狀態，不再受限制於緊張壓力，以及雜亂無章的思緒所引起的摩擦，放輕鬆意味著身心融洽地運作。別把放輕鬆誤解為躺在沙發上睡覺或是看電視，這些都不是所謂的「放鬆」。我的意思是，讓你自己進入一種狀態，心靈保持著警惕、自由、井然有序。保持肌肉柔軟而不緊張，如果你擠壓肩膀，彈起來會有疼痛的感覺，這就是你沒有充分放輕鬆的徵兆！如果擠壓肩膀而肌肉柔軟毫無疼痛感覺，就近乎所需要的鬆弛狀態。坐在辦公桌前的職業，都會造成頸部和肩膀的緊張，你必須努力消除它。

自信

當你有可靠的交易計畫，並且學會以較高成功機率做交易和投資的技術，就應該開始對自己的能力產生自信，相信自己可以在短程、中程和長程的交易中持續地獲利。不管使用的是什麼技術，都要確定你有很舒適的感覺，因此首先要讓該項交易技術擁有成功的紙上交易經驗。**堆積對你有利的優勢**，將使你的感覺平靜而有自信。你需要平靜與自信來維持長壽，在這行業中長壽是很需要的。

克制

既然能夠心情放輕鬆又有自信，就更有機會去自我控制。如果控制得了行動和情緒，則良好的循環將緊接著啟動，你將變得更輕鬆、更有自信。到了這個階段，所討論的是能夠平靜而順利的去做交易與投資。你可以保持心情平靜，並能迅速的思考。渴望成功和信心可以讓你更迅速有效率而實際地做出重大決定。

建立放鬆、自信、克制狀態的辦法

不管你認為什麼是對你最有用的，接下來所談的就是你所要追求的答案。對於任何不想讀本節的人來說，請讓我舉個例子，在《金融怪傑》(*Trading Wizard*/Schwager, 1992)這本書的作者羅伯特·凱瑞司(Robert Krausz)和查爾士·方可納(Charles Faulkne)都是偉大的技術倡導著，這些技術包括神經語言程式(Neuro Linguistic Programming, NLP)和催眠術(hypnosis)，這些技術可以加強交易的操作績效。如果某人在這兩方面有許多的浸潤（它們彼此並不互相排斥），我可以斷言他在所有種類的情境中都會有高效率的表現。

深呼吸

放鬆狀態的第一個步驟，就是要有正確的呼吸方法。先做一口長而緩慢的深呼吸，讓空氣充滿胃部，再盡量緩慢地吐出那口氣。這樣重複做幾次以後，保證你會開始感覺不一樣，而感覺更放鬆。

我們常常不會注意自己的呼吸，但是這是一個好習慣，因為在很多情況下，我們真的必須以健康的狀態開始做呼吸。想像一下，你可以多久不喝水？你可以多久沒有氧氣？我們都需要氧氣來維持生命，而這說明了一個事實，當我們使用肺部近乎其最大功能時，我們的工作便處於最佳狀態。因為既然知道深沉而穩定的呼吸可以促進放鬆狀態，當你感覺輕鬆的時候，你的生理和心理的運作狀況將達到最佳狀態，可想而知，呼吸得更深沉更穩定，你的運作狀態也將表現得更好。

重建資源豐富的狀態

第二個步驟就是要讓你開始產生充滿自信的感覺。你曾經有過充滿自信的感覺嗎？一開始你的回答可能是：「不曾。」但是再仔細想一下，我們都曾經對於某件事情有過充滿自信的感覺。我並非討論那些拯救世界之類的感受，是講到在某個時空裡，你對於自己很有信心，這個信心的來源可能是你正在烹調的晚餐、你正在寫作的論文、你正在參加的會議、你的運動成就，或是你所創作的一件藝術品。某些人甚至對於某件事情的不信任覺得很有信心！

當你決定好哪一件是你曾經感覺很有信心的事情，首先讓你的心靈開始回溯，一一喚起當時的細節：當時你看到的是什麼當時你所聽到的是什麼，還有當時你的感受是怎樣。擴大你在內心看到的影像，注意它的顏色以及影像的細節，那些影像在你心中有多遠？影像有多大？是否呈現2D或3D？或者只是一個鏡頭或一個動畫？讓你自己全

然舒適地察覺所聽到的聲音,專注於你所聽到的聲音的廣度、雜音的源頭、音質的厚度、高音階的部分,以及音調和音色,並且注意你剛開始去感受的方式,逐字地再體驗那種信心的感覺。然後,你可以開始把這種感覺放大,使你自信的影像逐漸變大、變明亮,變成更有色彩更生動的電影。你可以豐富你所聽到的聲音,把這些聲音加上電影配樂。我們都曾經聽過鼓舞人心的音樂,令我們非常的感動,使我們的脊椎激動地顫抖;讓我們的感覺生氣蓬勃,使我們的心情平靜而自制。正是那種音樂可以幫助想像力,最後幫助你解決手上的工作——交易。藉由想像力觀察影像中的自己,並且把處於自信狀態的影像,逐漸拉近到讓自己能夠活生生進入的影像中,把這個道理應用在你的交易生活中。讓你的感覺配上電影音樂,可以幫助你放大正面感覺的效果。現在和未來,你都可以開始應用相同的配樂於買賣交易之中。只要你喜歡,你也可以把真正的配樂放大聲,而不是只在腦海裡播放,相信會更有效果 (註1)。

錨定資源狀態

第三個步驟就是在你的心理資源狀態和微妙的生理行動之間,建立一個刺激—反應連結。

註 1:請記住:大部分交易的信心應該都是以交易計畫為預期基礎的,這些交易計畫都必須經過測試(back test),只要追隨它就會有一定的效果。剛才描述的一連串細節,可以使你更容易地取用那種自信的感覺,尤其是在你已經有合理的交易計畫時。

　　當你處於充滿自信的巔峰時，你的呼吸規律而穩定，感覺平靜，輕鬆而警醒，所有這些良好的感覺都處於最強烈的狀態。這時候你就要把這些強烈的感覺，連結成為一觸即發的動作，例如，以明顯的彈指頭動作（拇指和中指用力壓擦發出卡搭聲），或者捏手背來做連結。這樣做的用意是要有效地將肉體的刺激和已經創造出來的心理資源狀態做連結，不但做連結並且還要強化這個感覺。當你建立起這樣的連結之後，未來你就可以憑藉意志力喚出這種心理資源狀態。

　　你的電影配樂可以盡量令人振奮，甚至欣喜得意，但是不要過度興奮。音樂本身可以變成強而有力的錨定，以產生心理資源狀態。如果你能結合音樂和你所創造的生理錨定技巧（如彈手指頭），效果會更佳。我認識某些人在從事任何具有重大意義的事情之前，都會先聽一段可以產生精神支柱的音樂，不管他們是要參加一場重要的會議、打一通電話，或進行某項交易，甚至是去約會！我們要更有自信心，同時還要能夠更專注與自制。運動家常常把這種現象比喻為「進入狀況」(in the zone)。他們把這種感覺比喻成「10英尺高的巨人」，一旦進入運動場地玩征服遊戲的時候，他們對於將要達成的目標，都抱持著平靜而肯定的意識。東方文化的某些武術訓練，強調的是完全的自信穩重，將知覺增強集中於身體重心的中央，也就是肚臍以下2英寸的丹田。你將可以感覺「進入狀況」的境界，可以完全掌控自己的思想、情感與行動。幾乎像是冷血般但卻

非常有效率，可以確保維持冷漠的公平無私，遠離市場的暴力破壞，當你必須採取決定性行動的時候，可以不動感情地做出獲利性和機械性的反應。控制你的呼吸，可以維持思想和行動的控制，進而幫助你感覺輕鬆而充滿自信，並且讓這個良性的循環永遠保持。

測試錨定

第四個步驟是要測試錨定以確保運作正常。經由傾聽配樂以及觸發生理錨定（如彈指頭），就可以開始產生美好的感覺。例如，呼吸自動緩慢下來，脊椎震顫，幸福與信心的感覺油然而生，這樣就完成了。當你觸發了生理錨定法卻覺得沒有效果時，請重複步驟一至步驟三，並且增強其音效、影像和感覺的作用，如果還是無法完成，請播放令你振奮的配樂，以音響設備大聲播放，直到你再創造出錨定力量。

關於更詳細的交易者催眠的技術，參看羅伯特‧凱瑞司的著作；關於任何正派的NLP資料，參看李察‧班德列(Richard Bandler)的著作，或是查爾士‧方可納的NLP特別交易技巧。我認識許多想要從事交易工作的人，他們只是尚未花費時間與精力去建立交易的最佳心態。就因為這樣，他們還停留在不幸的下場，儘管他們已經擁有許多必要的技術性知識。

資金管理與制定交易規則

在交易與投資的領域裡，已經有許多有關資金管理的相關著作。所談的終究就是把交易變成情緒真空狀態的行為，並且謹守預定的交易規則。交易與投資是兩個明顯不同的行動，需要的交易技術雖有部分重疊卻不完全相同（就心態的觀點而言，當然會完全重疊）。有了正確的心態，將有助於謹守交易規則，把停損應用於預定的適當時間。不要把全部家當押注在單一投資決策，這是常識；以經營管理的方式把風險分散，以便必要時可以迅速地追蹤往來的行為，這也是常識。

根據交易規則獲取部位利潤，確保該交易規則容許這樣做，這也是常識。**制定交易規則必須包含進場、管理及出場的決定。這些交易規則必須夠好，以便讓投資交易者有所遵循。**交易世界中最常聽到的談話是：「我本來應該可以獲利，但是我卻不斷破壞自己的交易規則！」聽起來很熟悉吧！這是我最常聽見的陳述。這個問題在於：首先問你自己的交易規則是否值得遵守？如果值得遵守，就必須找出遵守的方法；如果不值得遵守，就必須尋找更好的規則來取代！要尋找合乎常識的交易規則才不會錯得太離譜。若有任何疑問，記得請教你所尊重的人士。

資金管理的範例

我已經追蹤某檔股票一段時間，想要開始進行交易。這檔股票目前成交價位在$32，但是根據甘氏支撐標準，支撐價格應在$20。當時，我並不想放空該檔股票，但是我想追蹤它，直到它碰觸我預訂的價格目標。我已經全額投資在其他產品，所以我打電話給銀行經理向他解釋這個狀況，要求他貸給我一筆相當多的資金（如果出現正確投資環境時）。「如果股票跌至$20，我就買進。如果跌破$19，我就出場，並且償還貸款，承受小額損失。同時，我會隨時通知你相關進展——畢竟這些可能都不會發生！」經過4週之後，該檔股票持續下滑，而我每週都會打電話給銀行經理，得意地告訴他股票已經下跌了，並且要求他確認該筆貸款是否已經備妥讓我使用。最後大約1個月之後，我準備好了，一等股票碰觸目標區間，我便打電話去銀行買進股票！我有很充分的時間可以思考整個過程，以及環繞著這個攻擊性交易的心理衝擊層面。

交易規則已經確定了！資金不是我的，但是如果我違背停損原則，就會遇上麻煩。我並非建議任何人都按照我的方式去做，這樣做只是為了心理層面的考量。我沒有辦法去考慮違背我的停損規則。因為就技術層面來說，資金不是我的，我必須用比自有資金更謹慎的態度來處理。採用這個方法是不尋常的，我已經許下承諾，就必須信守承諾，即使在最商業化的情況。我不認為商業性的承諾

343

和個人的承諾之間有何不同。如果我許下承諾，就必須信守，同時不能竄改任何細節。所以就個人而言，我有非常強烈的動機因素促使我在這個例子中去遵守停損規則。

從這個範例中所學到的就是，把每一筆交易都當做是向銀行或信賴我的某個人所借貸的資金，如此一來，自己就會謹守停損原則以及其他資金管理規則。這檔股票在不到6個月的時間之內恰巧漲了1倍，我把所有股份都以$38.50左右價位售出。每一個人都很心滿意足，特別是我自己！現在我都會許下承諾去遵守停損規則，並且每次都很有效。

以這樣公開的方式來克服對於虧損的恐懼，足以令我產生動機去實行計畫，預先確定我的獲利和停損目標。如果價格行為中似乎出現了某種扭曲，而我仍處於獲利部位，我將會提早獲利出場。眼睜睜看著獲利部位變成虧損部位，是一件令人感到挫折的事。虧損的恐懼對於交易者有弊無利，使人有一種凍結的感覺，有點像高爾夫球選手「失常」的緊張狀態，導致球就是打不進洞。公開陳述你將如何做不只能夠克服恐懼因素，並且真的能夠因之受益而謹守交易計畫。交易夥伴對於這部分的幫助就看它對你的效果如何而定。

快速掃描

從本章中可學會在交易與投資的生活型態裡，健全投資心理與良好思考所扮演的重要角色。很多著名的成功交易者都應用種種心智技術去增強操作績效，如同專業的運動家一樣。

良好的思考包含交易計畫，交易計畫也將成為良好思考的副產品。這將過濾你的交易績效，並且也終會融入你的生活型態。

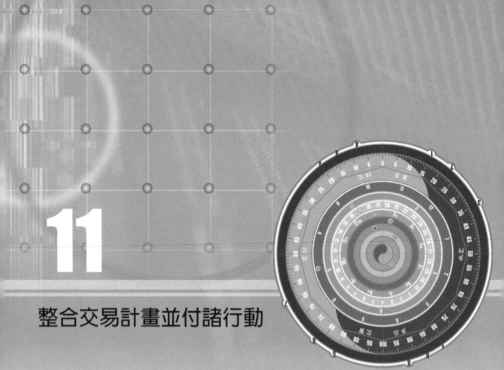

11

整合交易計畫並付諸行動

▶ 步驟 1：選擇對你最有利的策略

▶ 步驟 2：設定過濾系統

▶ 步驟 3：為每一個進出場設計交易計畫

現在你已經武裝好各種策略和技術好用來增強交易技能，我們必須把它們整合成為交易計畫。我個人喜歡成功機率比較高的交易策略，以及定義明確的參數，因為這些比較容易遵守。專業的紙牌玩家也是以這種方式運作。紙牌專家計算紙牌的數目，就能夠檢驗出高低機率出現的期間，而分別下注更高或更低的賭金（這種賭技令賭場老闆很不滿意），這種方式正是我最喜歡的交易模式。**把成功的機率累積起來，不管發生什麼事都可以謹守交易計畫。**我自己的交易系統本質上是考慮周到而無條件的(discretionary)，它們是以規則做裝備，因此沒有太大的越軌空間。

步驟 1：選擇對你最有利的策略（盡量簡單化！）

以下是我在各種不同時段運用不同策略的機率表：

策略	需要最小機率
買進或放空標的資產	高
跨式或勒式部位（波動率的操作）	高
上下限(collar)	高
受保護買權	高至非常高
深度價內買權或賣權	非常高
多頭買權和多頭賣權價差部位	非常高
多頭賣權價差部位	非常高
空頭賣權和空頭買權價差部位	非常高

　　機率表只提供一個想法，如果我不認為有更合理的成功機會，我就不會做任何交易委託。選擇權交易需要更高的機率，交易的槓桿倍數愈大（如深度價內買權或賣權），就愈需要這種確定感。如果找不到適合做的交易，或者是心理結構處於不正確狀態之下，我就會離開市場。有了正當的理由，就可以有強大的力量去拒絕一項交易，如此也進一步顯示你的決策完全處於控制之中。

步驟 2：設定過濾系統 (註1)

　　我們可以用最合理價錢購買繪圖套裝軟體去建立非常複雜的過濾系統(filter)。筆者常使用泰勒表2000(Telecharts 2000, TC 2000)來做股票的過濾，雖然我平常都會以個人尺度公式(Personal Criteria Formulae)去建構自己的系統規則。筆者使用的實況交易系統是交易站(Tradestation)專業版，但是起始過濾股票使用的系統是TC 2000。

為什麼要過濾？

　　這就要視個人的偏好而定，我會特別過濾出流動高的或是衝刺力道大的股票(DiNapoli, 1998)。例如，已經連漲或連跌超過10個期

註 1： 如果只交易一種股票，你就不須過濾了。舉例來說，許多交易者僅交易標準普爾指數期貨，他是追蹤標準普爾500股價指數的衍生性金融工具，而且他有自己的選擇權序列，所以你也可以交易標準普爾指數選擇權。

筆者只在擁有較大勝算時才交易標準普爾指數。坐在場外並不可恥，尤其當你並不確定有把握或進場條件已不符當初條件時。

間（天或週）的股票。我常常先使用「天」作爲過濾的標準(daily filter)，至目前爲止，我尚未使用過「週」作爲過濾的標準，因爲不管市場是上漲、下跌或盤整，總是會提供很多可供交易的機會。我也曾經追溯尋找，發現某些股票已經在一週之前衝刺過了，現在可能會出現反轉。

具體地說，我所尋找的是已經過度擴張（往漲跌兩個方向擴張）的股票，可能即將出現某種程度的回歸。例如，我所尋找的是在最近30天之內有15%最大獲利或損失，以及因爲碰觸5天的最高價或最低價，已經持續出現最大移動的股票。我過濾的股票每天至少會有大約50萬股的平均成交量(Adverage Daily Volume, ADV)，有100萬股的ADV會更好。

交易股票或股票指數

許多交易者只交易一種指數或一檔股票，這種戰術有幾項優點：

▸ 可以免除過濾股票的麻煩。

▸ 可以避開特性古怪的個股。

▸ 交易指數包含人類行爲的群衆定律，因而可以增強費波那契和甘氏分析的有效性。

▸ 交易者可以詳盡地了解該項工具的個性。某些人認爲這樣做可能會很無聊，另外某些人繼續交易的理由，並非爲了刺激，而是爲了較高的成功機率。

　　過濾個股可能會接觸到具有爆發性價位移動潛在性之股票，這種股票比較適合建立跨式或勒式部位。交易者還必須注意某些特定股票可能公布的新聞事件。你必須自己回家做功課，並且清楚知道將於何時公布營運報告及其他報告！交易多種股票（而不是只有一種）的主要優點是可以分散你的投資組合，這是一個評價很好的風險管理方式。

步驟 3：為每一個進出場設計交易計畫

累積機率

　　交易計畫應該是為了可以增加成功機會而設計。若非如此，就不足以讓你嚴守紀律遵守交易計畫。交易計畫設計得愈好，就愈能夠讓你產生一股強迫的力量去盯住它 —— 它的成交紀錄應該是嚴峻的考驗。

　　第3章和第4章涵蓋一些技術分析和基本分析的技巧，既可使用於挑選和過濾股票，也可用來作為確認趨勢或價格方向的指標。不同的交易者或投資者有各自的偏好，並且有許多的交易型態可供他們任意發揮，這完全是由你去衡量自己的心理狀態而決定的。某些人能夠每天成功地交易＋300個跳動點，其他的人每年只能夠交易10次。你自己是唯一可做決定的人，如果你的交易型態傾向於前者，

則應該盡量選擇一家可以提供你必要的訓練，以及能夠快速地執行委託的當日沖銷公司。

一旦決定想要去交易什麼證券，並決定你所偏好的時間架構，為了增加成功機率，你的交易計畫應該包括下列各項：

▸ 檢驗支撐和壓力的方法。我通常使用甘氏、費波那契和價格型態。可到以下網站：www.themarketmatrix.co.uk去探索進一步關於費氏數列的專業知識。

▸ 有一個方法可以檢驗股票是否呈現超買、超賣，或暫時過分擴張。我特別使用裘‧迪納波里的震盪預測指標(Oscillator Predictor)來做這項工作。正如他在1998年的著作《*Trading with DiNapoli Levels*》（可參考網站www.fibtrader.com）所描述的這套震盪預測指標，可以粗糙的（我強調粗糙的）使用類似TC 2000的封套軌道(Envelope Channel)指標。設定的參數值是5期以及寬度8，使用起來很簡單。

▸ 震盪指標諸如MACD或隨機指標可以用來檢驗股票是否有趨勢，或只是在區間範圍盤整，還是正處於反轉點。

▸ 停損和獲利目標的交易應該像經營事業一樣。利用支撐與壓力來決定進場和出場。

▸ 注意可能會影響你所挑選的股票或整個市場的關鍵新聞事件，基本上這些都會影響你的交易。

▸ 指標的時機，包括甘氏、費波那契，甚至潮汐、月亮的圓

缺，這些方法多少都會有某種程度的效果，但是卻需要做大量的研究。

設定隨機指標(KD)平滑異同移動平均線(MACD)

我使用的設定乃推薦自裘·迪納波里的《*Trading with DiNapoli Levels*》一書。

它的概念是使用弱的KD設定，配合強的MACD設定。MACD的設定值是8.3896、17.5185、9.0503是長期趨勢的表示，而偏好的隨機指標的設定值是8、3、3是弱的比較敏感的指標。當MACD和KD兩者都是在同一個方向移動（但是沒有交叉），則趨勢是在適當的狀態。如果偏好的KD交叉穿越，但是MACD的趨勢仍然沒有改變，則MACD的訊號搖擺不定，但是你卻可以從KD的交叉所反應出來的短期價格運動中獲利。例如，漲勢的情況下，如果MACD保持完整沒有改變，但是偏好的KD往下交叉，這可能顯示會有短暫的拉回動作。交易者可以利用這個拉回的有利條件，淡出隨機指標訊號，並且跟隨MACD訊號，換言之，可以在拉回時買進。這樣做的應用標準，來自於支撐和壓力的分析，你必須從分析中尋找低風險的進場點。如果能夠尋找出可以結合甘氏、費波那契和明確價格型態的應用標準，則在那個價格區域做反轉，就可以有更高的安全機率。

交易計畫樣本（已經過濾的股票）*

股票	價位	日期	支撐(S)/壓力(R)	買超/賣超震盪預測指標	MACD	KD	價格型態	新聞	進場計畫	出場計畫
KOSP	$26	2001年5月30日	S × R ×		✓	×	強烈細長三角形盤整	2001年8月1日營運報告	2001年8月$25跨式每個部位$6.15	股價$35賣出買權；股價$19賣出賣權；或在到期日前1個月出場
WLP	$105	2001年7月17日	S × R $106.62費波那契壓力水平	買超震盪預測指標	× 緩慢	✓ 交叉	雙重頂	2001年7月26日營運報告	$105以上放空	買進停損於$108；或在$100以下獲利出場
FRE	$68.48	2001年6月12日	S $60 R $70		向下翻轉	✓	強大壓力，軌道介於$60和$70之間	2001年7月18日營運報告	2001年7月60/65/70蝶式部位	收盤價高於$70或低於$60出場；持有部位至到期日**
UNH	$53	2001年5月24日	S $50.5 R ×	賣超震盪預測指標	×	反轉	三重底在$50.5	2001年7月27日營運報告	$52以上買進股票	$50以下停損

* 下面所有股票都是我選自的兩個「衝利股票」(thrusting stocks) 過濾系統中實際中，依照表格中實際日期製作。

** 蝶式部位的缺點是，如果股價移出外層履約價格，交易者就會有獲利損失。我們可以經由部位向上或向下做有效移動，這些調整動作稍微嫌複雜，而本書目的卻是要促使交易簡單化。

表11.1  WLP（2001年7月17日）合理的放空

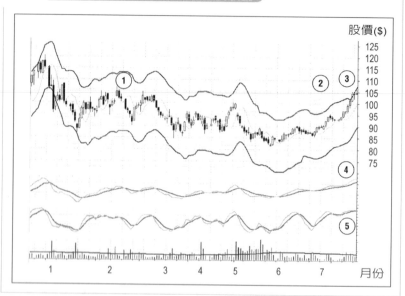

資料來源：TradeStation技術股份有限公司的頭號產品

圖表關鍵

①	價格型態	雙重頂（或平坦三重頂）	✔
②	費波那契壓力	強烈的費波那契壓力約在$106.00	✔
③	震盪預測指標	突破上部	✔
④	MACD交叉	MACD是緩慢的，但是尚未交叉	✘
⑤	KD交叉	KD交叉向下	✔

解釋

　　根據上面的標準，這是一個完整的放空交易，甚至可以正當地使用更具槓桿效果的方法，例如，買進履約價格$110的賣權選擇

權。另外一個支持這個交易的因素是，成交量正在下降，而低於每日平均量（參看圖形底部的指標），證明在這個價位水平這檔股票的需求是疲弱。我們的買進停損設定，是假設股票收盤價高於2000年11月1日的高價$108。我們把收盤價高於這個水平的現象，解釋為股價往上移動的強列訊號。

讓我們來看另一個例子：

表11.2 UNH（2001年5月24日）合理的作多

資料來源：TradeStation技術股份有限公司的頭號產品

圖表關鍵

①	**價格型態**	三重底在$50.5	✔
②	**費波那契壓力**	費波那契支撐在$48和$49之間	✘
③	**震盪預測指標**	向下突破	✔
④	**MACD交叉**	尚未翻轉	✘
⑤	**KD交叉**	明顯向上翻轉，但是尚未交叉	✘

解釋

　　這是一個更投機的交易，大部分是根據三重底的支撐以及震盪預測指標的突破判斷標準。費波那契支撐是在$50以下，當股價在$53時，並不被認為具有費波那契支撐的條件。唯有等待這個區間確實有出現支撐性持股(support holding)的訊號，才可以進行這個交易。而這個訊號確實發生在2001年5月29和30日，當時，KD已經交叉，而MACD正在翻轉。在2001年5月24日這更像是一個股票交易，你不應該考慮高槓桿的選擇權部位，直到有更多的核對記號(✔)出現在上面的表格中 (註2)。

註2：當然你可以增加更多核對記號在上面的交易計畫表格中。例如，成交量型態應該是個很好的附加記號。

快速掃描

本章讓我們學會如何以循規蹈矩的商業程序開始建構我們的交易決策，概述一套合理的選擇方法，以決定究竟要不要去交易各種不同的股票。

如果你以商業程序的方式開始思考交易的問題，就能夠以結構性的方法(structured approach)描繪出所有的因素和判斷標準，這樣就能夠讓你做出中肯的最後決定。

審慎的交易計畫是非常個人化的事情。這就是為什麼你必須親自研擬交易計畫表的原因。某人的美食可能是另一個人的毒藥，最重要的規則就是：**保持簡單化**。許多交易者浪費很多時間去實驗數千百種的分析工具，從未放棄尋找他們的涅盤(nirvana)。而事實的真相是，市場並沒有涅盤的存在，最好的方法還是要去尋找出一套選取工具的規則，把各種工具整合起來，得出一個可接受的高成功機率，並且具有買進和賣出停損的內建機制，在遇到交易不順利的時候，不至於受傷太深。

作為一個交易者或投資者可能會遇到四種情況：

▶ 你可能賺很多錢。

▶ 也可能賺很少錢。

▶ 你可能損失很多錢。

▶ 也可能只損失一點錢。

如果我們能夠把「損失很多錢」這一項從方程式中移除，應該就會在交易或投資方面展現成績。

現在你可以建立自己的交易計畫，為你的投資與交易決策開始執行簡單而合理的樣板。你可以使用自己的參數，或是和本書的建議並用。細節方面由你自己來決定，一些策略工具可以讓長期使用者產生持續性的良好效果。

訣竅就蘊含在執行的過程中，也因此你需要一個易懂易行的交易計畫。這樣就可以免於淪為賭徒，而成為一個真正的玩家，以高機率的優勢從事獲利交易。在交易的過程中保持中立的情緒，在持續地應用這些原則當中，讓你自己感受到真正的刺激以及邁向成功的預感。

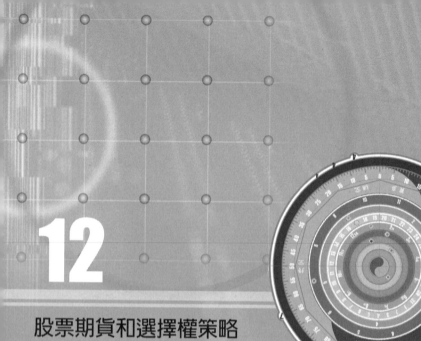

12

股票期貨和選擇權策略

▸ 認識股票期貨

▸ 期貨評價理論

▸ 股票期貨和選擇權策略

認識股票期貨

我們似乎常常會踏入一個嶄新的交易和投資領域，所有的改變與創新，都是來自於科技快速的腳步所產生的結果。最近的金融創新，分別為LIFFE和CBOE所採用，就是所謂的「股票期貨」。你可以持有股票多頭部位，而不必真正投入現金。這有別於證券保證金 (equity margin)，因為你交易的是期貨本身，而不是股票本身。

股票期貨的價格是衍生自標的股票，你必須有足夠的保證金資金存放在經紀商帳戶裡頭，才可以做交易。然而，這些保證金只賺取你利息錢，因為它們是為了應付經紀商的要求，而存入建立部位所需要的保證金，並不是向你收取買賣證券實際上的金額。換言之，股票期貨實際上就是期貨契約。就本身來說，你並沒有現金投資，除非部位出現虧損，這和使用融資保證金來購買標的股票是很不一樣的。

買進（股票）期貨相當於同意在未來某個日期買進股份，但是同意以交易當時的價格成交。賣出（股票）相當於同意在未來某個日期賣出股份，但是同意以交易當時的價格成交。跟放空股票不一樣的是，賣出股票期貨不必強迫去質借股份，以便達成交易協議。

每一個期貨都有一個交割月份，並且不同交割月份的期貨價格不但彼此不相同，也不同於標的股票的現貨價格。

選擇權授予買方權利，而不是義務，以某個價格在某個預定的

日期去買進或賣出資產，而期貨只授與義務給期貨的買賣雙方。**期貨授與買賣交易雙方的都是義務**。期貨的買賣雙方，在交割日期之前，都必須面對標的股價格變動的風險。這個風險可以利用買賣選擇權或標的股份來做規避。

直到目前為止，只有限量的股票可以做股票期貨，LIFFE於2001年1月發行的世界股票期貨(Universal Stock Futures)投資組合。CBOE於2001年12月讓交易者使用發行的單一股票期貨(Single Stock Futures)，其股票期貨的選擇權則遲至2003年12月才開始交易。

期貨評價理論

理論上，期貨價格應該等於買進股份，並且持有至到期日或交割日期的持有成本。如果期貨價格高於這個水平，則你可以買進標的股票並賣出期貨賺取保證的獲利。如果期貨價格低於這個水平，則你可以買進期貨而賣出股票，以賺取保證的獲利。當期貨價格偏移正確的理論價格，市場通常會把價位拉回，以防止套利情節發生(註1)。

註 1：套利是一種過程，交易者可以因為短期價格運動，而獲取保證的交易利潤。市場通常會確保這個不正常現象只能維持短暫的時間。

買進股票並且持有至到期日的總成本,是由下列因素組成:

1. 標的股價。

2. 交割屆期餘日。

3. 利率。

4. 交割日之前,股票發放的股利。

簡單地說,股票期貨的理論價格應該是:

期貨價格的理論=目前股價+利率成本-收取的股利

然而,期貨是在公開市場交易的,它們的評價將隸屬於供需定律,加上交易者對於利率和股利的不同期望,這些將導致價格波動逼近或遠離理論公平價值的價格(Theoretical Fair Value Price)。

股票期貨和選擇權策略

股票期貨提供交易者和投資者各樣的可能性,不只可以增加槓桿作用,並且有更多動態避險的可能性,可以混和使用標的股票、股票期貨、股票選擇權,以及即將推出的股票期貨選擇權。第5章曾經介紹過三種策略作為買進或賣出個別股票、混合搭配買進或賣出買權或賣權。這些策略分別是:

▶ 組合式買權。

▶ 受保護買權。

▶ 典型上下限策略。

含有股票的策略組合是：

策略	第一隻腳*	第二隻腳	第三隻腳	帳戶狀況
組合式買權	買進股票	買進賣權		淨借方（支出）
受保護買權	買進股票	賣出買權		淨借方（支出）
典型上下限策略	買進股票	買進賣權	賣出買權	淨借方（支出）

* 腳(leg)是指利差的某個組成元素，例如，典型上下限策略由三隻腳所構成：第一隻腳是買進股票、第二隻腳是買進賣權、第三隻腳是賣出買權。

由於股票期貨的誕生，對於上面所有策略的第一隻腳，就會有明顯的意涵。因為每一個策略都包含買進股票，這些策略都是淨借方的買賣，帳戶裡頭需要足夠的資金去買進這些股票。有了股票期貨，就不必真正的買進股票，所以在三個策略裡頭的淨借方，將會顯著地降低，就評價的觀念來說，最後都會有同樣的風險輪廓。

有了股票期貨，同樣的策略會在帳戶上產生稍微不同的意涵：

策略	第一隻腳	第二隻腳	第三隻腳	帳戶狀況
組合式買權	買進股票期貨	買進賣權		淨借方*
受保護買權	買進股票期貨	賣出買權		淨貸方（淨收入）
典型上下限策略	買進股票期貨	買進賣權	賣出買權	淨借方*

* 同樣的交易策略，使用股票期貨的淨借方遠低於使用股票。

典型上下策略部位和組合式買權部位，仍舊是淨借方（需要先支付頭款現金以建立策略），有了股票期貨，受保護買權部位就變成淨貸方部位，因為事實上，可以從第二隻腳所賣出買權選擇權，抽回選擇權權利金，而第一隻腳作多期貨合約，並不是真正的買進標的資產。和等值的分散交易股票相較，典型上下策略部位和組合式

買權部位，有了股票期貨之後，部位的淨借方就可以大幅降低。然而，請注意：每一個策略的風險走勢都保持著相同的型態，不管你是玩股票或進行股票期貨交易。

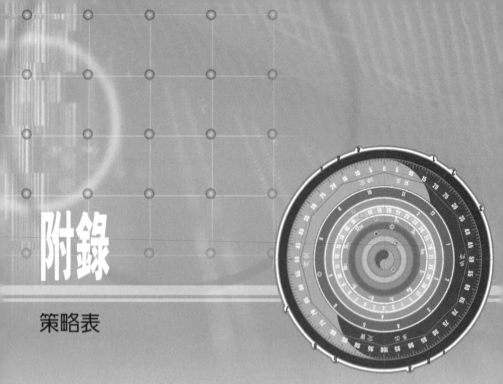

附錄

策略表

策略	執行	優點	缺點	組合圖解	風險輪廓
作多買權 (Long Call)	買進買權。	風險有限；報酬無限；比直接購買股票槓桿倍數大。	如果買權到期變成價外，將損失全部賭注。		
作多賣權 (Long Put)	買進賣權。	風險有限；報酬無限；比直接放空股票槓桿倍數大。	如果賣權到期變成價外，將損失全部賭注。		
放空買權 (亦裸) (Short Call/ Naked)	賣出買權。	可持有收取的權利金，只要買權到期變成價外。	風險無限，報酬有限。		
放空賣權 (亦裸) (Short Put/ Naked)	賣出賣權。	可持有收取的權利金，只要賣權到期變成價外。	高風險，獲利有限。		
受保護買權 (Covered Call)	買進股票，賣出買權。	可持有收取的權利金，只要買權到期變成價外。如果買權到期進入價內，只要執行方法正確，也可以確保獲利。賣出買權的策略，可以月份做操作，產生利潤。	高風險，獲利有限。	+	=
受保護賣權 (Covered Put)	賣出股票，賣出賣權。	帳戶淨收入。	風險無限，報酬有限。	+	=

以下為各選擇權策略之建立方法、特性與損益圖示（圖示以線形損益圖呈現，此處僅轉錄文字內容）。

策略	建立方法	特性
典型上下限 (Collar)	買進股票，買進平價賣權，賣出價外買權。	幾乎沒有風險的策略，只要正確地執行，並且選用對股票。帳戶淨支出。適合長程交易者使用，可放任不管。
組合式買權 (Synthetic Call)	買進股票，買進賣權。	風險有限：報酬無限：優良的保險戰術。昂貴的策略，改進方法是當股價上漲時，捆進賣權的腳，否則值接賣買權。
受保護放空跨式 (Covered Short Straddle)	買進股票同時賣出與到期日相同月份的賣權和買權。	針對買進的股票，提高部位的收入（請比較受保護買權）。高風險而報酬有限。
買權多頭價差 (Bull Call Spread)	買進低履約價格買權，賣出較高履約價格買權（與到期日相同月份）。	風險有限：比單純的買進買權有較低的損益平衡點。報酬有限。
賣權多頭價差 (Bull Put Spread)	買進低履約價格賣權，賣出較高履約價格賣權（與到期日相同月份）。	風險有限：有淨資產收入進入帳戶。報酬有限。
作多 (Combo)	賣出價外（較低履約價格）賣權，並買進價外（較高履約價格）買權。	近乎模擬作多股票，只有無或很少的淨潛方或買方。和標的物相同的槓桿。

策略	執行	優點	缺點	組合圖解	風險輪廓
放空 (Combo)	買進價外（價格較低）履約（價）買權，並賣出價外（較高履約價格）買權。	近乎模擬放空股票，只有無或很少的淨借方或貸方。	和放空標的物相同的槓桿。	（圖）	＝（圖）
買權空頭價差 (Bear Call Spread)	賣出較低履約價格買權，買進較高履約價格買權（與到期日相同月份）。	風險有限。	報酬有限。	（圖）	＝（圖）
賣權空頭價差 (Bear Put Spread)	賣出較低履約價格賣權，買進較高履約價格賣權（與到期日相同月份）。	風險有限。	報酬有限。	（圖）	＝（圖）
跨式部位 (Straddle)	買進與到期日相同月份的履約價格買權和賣權。	風險有限：如果股價大幅上漲或下跌，就會獲利：報酬無限。	策略是買進，進場建立部位需要低波動率的環境，出場則需要有高波動率的環境。	（圖）	＝（圖）
賣出跨式部位 (Short Straddle)	賣出與到期日相同月份的履約價格買權和賣權。	有貸方收入進帳：如果股市有低波動率的環境，並且價位平穩保持盤整，就會獲利。	上下兩檔皆有無限風險。	（圖）	＝（圖）
勒式部位 (Strangle)	買進低履約價格賣權，賣進高履約價格買權（與到期日相同月份）。	風險有限：如果股價大幅上漲或下跌，就會獲利：報酬無限。	必須出現大幅價格震盪，才有獲利機會。	（圖）	＝（圖）

策略	部位	獲利／風險說明	圖示
放空勒式部位 (Short Strangle)	賣出低履約價格賣權、賣出高履約價格買權（與買權到期日相同月份）。	淨賣方收入進帳：如果股市有低波動率的環境，並且盤位不動就會獲利。上下兩檔皆有無限風險。	⌐ + ¬ = ∧
Strip	買進一組買權，同時買進兩組（與到期日相同的相同履約價格）。	風險有限：如果股價大幅上漲或下跌，就會獲利。報酬無限。昌賣：進場建立部位需要低波動率的環境，出場則需要有高波動率的環境。	/ + ⌐ = √
Strap	買進兩組買權，同時買進一組賣權（與到期日相同日相同的相同履約價格）。	風險有限：如果股價大幅上漲或下跌，就會獲利。報酬無限。昌賣：進場建立部位需要低波動率的環境，出場則需要有高波動率的環境。	/ + ⌐ = √
作多買權蝶式部位 (Long Call Butterfly)	買進一組較低履約價格內買權、賣出兩組中間價平履約價格買權、買進一組較高履約價格外買權（所有履約價格等距分開）。	風險有限，又是個便宜的策略：如果股市進場之後呈現低波動率環境，就會獲利。報酬有限：是一個剛性的策略，調整部位也很不方便。	/ + ⌐ + J = ∧
作多賣權蝶式部位 (Long Put Butterfly)	買進一組較低履約價格外賣權、賣出兩組中間價平履約價格賣權、買進一組較高履約價格內賣權（所有履約價格等距分開）。	風險有限，又是個便宜的策略：如果股市進場之後呈現低波動率環境，就會獲利。報酬有限：是一個剛性的策略，調整部位也很不方便。	L + ⌐ + / = ∧

策略	執行	優點	缺點	組合圖解	風險輪廓
放空買權蝶式部位 (Short Call Butterfly)	賣出一組較低履約價內組買權，買進兩組價格中間履約價平組買權，賣出一組更高履約價外買權（所有履約價格皆等距分開）。	風險有限；如果股市進場之後，出現高波動率就會獲利。	報酬有限；是一個剛性的策略，調整部位很不方便。		
放空賣權蝶式部位 (Short Put Butterfly)	賣出一組較低履約價外賣權，買進兩組價格中間履約價平組賣權，賣出一組更高履約價內賣權（所有履約價格等距分開）。	風險有限；如果股市進場之後，出現高波動率就會獲利。	報酬有限；是一個剛性的策略，調整部位很不方便。		
買權修改蝶式部位 (Call Modified Butterfly)	買進一組低履約買權，賣出兩組中間履約價進一格買權，買進一組更高履約買權。中間履約價格較接近最低履約價格，而非最高履約的價格。	風險有限，又是個便宜的策略。如果股市進場之後，呈現低波動率環境，或是進場後股價溫和上漲，就會獲利。	報酬有限；是一個剛性的策略，調整部位很不方便。		

策略	買進／賣出	風險／報酬	報酬	損益圖
賣權修改蝶式部位 (Put Modified Butterfly)	買進一組低履約價格賣權，賣出中間履約價格賣權。兩組賣權的價格較買進的價格較接近更低，而非最低履約價格。	風險有限，又是適宜的策略。如果進場之後股市呈現低波動率環境，或是進場後股價溫和高漲，就會獲利。	報酬有限：是一個剛性的策略，但調整部位很不方便。	
買權逆比率部位 (Call Ratio Backspread)	賣出一組或兩組買較低履約價格或兩組買進更高履約價的三組買進高履約價格買權。買進更大數量買權之比例為0.67或更低。	風險有限，如果進場之後著上漲，就會有無限而高槓桿的報酬。	進場之後需要很高波動率的支持，並且目方向（上漲）要正確才能夠獲利。	
賣權逆比率部位 (Put Ratio Backspread)	賣出一組或兩組賣較低履約價格或兩組買進更低履約價的三組買進低履約價格賣權。買進更大數量賣格低履約賣權之比例為0.67或更低。	風險有限，如果進場之後著下跌，就會有無限而高槓桿的報酬。	進場之後需要很高波動率的支持，並且目方向（下跌）要正確才能夠獲利。	
賣權比率價差部位 (Ratio Call Spread)	買進較低履約價格買權，賣出更多數量的高履約價格買權（比率為0.67或更少）。	風險無限：報酬有限。		

策略	執行	優點	缺點	組合圖解	風險輪廓
賣權比率價差部位 (Ratio Put Spread)	買進較高履約價格賣權,賣出更多數量的低履約價格賣權(比率為0.67或更少)。		風險無限;報酬有限。		
作多買權兀鷹部位 (Long Call Condor)	買進較低履約價格賣權,賣出中間履約價,賣出下一中間履約價格買進較高履約價賣權。所有履約價格皆等距分開。	風險有限,是個便宜的策略;如果進場之後,股市呈現低波動率環境,就會獲利。	報酬有限;調整部位很不方便。		
作多賣權兀鷹部位 (Long Put Condor)	買進較低履約價格賣權,賣出中間履約價,賣出下一中間履約價格買進較高履約賣權。所有履約價格皆等距分開。	風險有限,又是個便宜的策略;如果進場之後,股市呈現低波動率環境,就會獲利。	報酬有限;調整部位很不方便。		
放空買權兀鷹部位 (Short Call Condor)	賣出較低履約價格買權,買進中間履約價,買進下一中間履約價格賣出較高履約賣權。所有履約價格皆等距分開。	風險有限;如果進場之後,股市呈現高波動率環境,就會獲利。	報酬有限;調整部位很不方便。		

策略	建立方式	風險／報酬	環境	圖示
放空賣權兀鷹部位 (Short Put Condor)	賣出較低履約價格賣權，買進中間履約價格賣權，買進下一中履約價格賣權，賣出較高履約價格賣權。所有履約價格皆等距分開。	風險有限：如果股市呈現之後，呈現下中環境，就會獲利。報酬有限：調整部位很不方便。		
作多買權組合跨式部位 (Long Call Synthetic Straddle)	賣出一組股票，並買進兩組買權。	風險有限：如果股價大幅上漲或下跌，就會獲利。報酬無限。比建立標準式跨式部位便宜。	進場時，需要低波動率環境；進場之後，需要高波動率環境。	
作多賣權組合跨式部位 (Long Put Synthetic Straddle)	買進一組股票，並賣進兩組賣權。	風險有限：如果股價大幅上漲或下跌，就會獲利。報酬無限。	比一般標準式跨式部位更便宜。進場時，需要低波動率環境；進場之後，需要高波動率環境。	
放空買權組合跨式部位 (Short Call Synthetic Straddle)	買進一組股票，並賣出兩組買權。	如果股市呈現低波動率環境，價位不動，就會獲利。	上下兩檔皆有限風險；因為進股票是是個品賣的策略。	
放空賣權組合跨式部位 (Short Put Synthetic Straddle)	賣出一組股票，並賣出兩組賣權。	便宜的策略，並且有淨賣方收入進帳。如果股市呈現低波動率環境，價位不動，就會獲利。	上下兩檔皆有無限風險：需要大量保證金。	

策略	執行	優點	缺點	組合圖解	風險輪廓
作多鐵蝴蝶部位 (Long Iron Butterfly)	買進較低履約價格賣權、賣出履約價較高買權，賣出下一中間履約價賣權，買進較高履約價買權（中間履約價格可以相等）。	便宜的策略，會帶來淨收入進帳；如果股票價位變動不大，就會獲利；風險有限。	報酬有限；需要保證金。		
放空鐵蝴蝶部位 (Short Iron Butterfly)	賣出較低履約價格賣權，買進中間履約價賣權，賣出較高履約價買權，買進履約價格較高買權（中間履約價格可以相等）。	風險有限。	昂貴的放空策略（最好做放空兀價策略）；報酬有限。		
買權月曆價差部位 (Calendar With Calls)	買進遠月份買權，賣出近月份買權（相同履約價格）。	風險有限：可以為每個月例行賣出近月份買權，以便產生收入。	報酬有限：很難描繪風險輪廓。但是正好相反，波動率愈高愈能獲利。		
賣權月曆價差部位 (Calendar With Puts)	買進遠月份賣權，賣出近月份賣權（相同履約價格）。	風險有限：可以為每個月例行賣出近月份賣權，以便產生收入。	報酬有限：很難描繪風險輪廓。但是正好相反，波動率愈高愈能獲利。		

策略	建立部位	風險	報酬
買權對角價差部位 (Diagonal Spread With Calls)	買進遠月的較低履約價格買權，賣出近月的較高履約價格買權。	風險有限：可以每個月例行賣出近月的買權，以便產生收入。	報酬有限：很難描繪風險報酬的輪廓。
賣權對角價差部位 (Diagonal Spread With Puts)	賣出近月的較低履約價格賣權，買進遠月的較高履約價格賣權。	風險有限：可以每個月例行賣出近月的賣權，以便產生收入。	報酬有限：很難描繪風險報酬的輪廓。
作多 (Guts)	買進較低履約價格的價內買權，買進較高履約價格的價內賣權。	風險有限：如果股價大幅上漲或下跌，就會獲利。報酬無限。	買員的策略：因為買進價內的買權和賣權。
放空 (Short Guts)	賣出較低履約價格的價內買權，賣出較高履約價格的價內賣權。	會帶來帳戶淨收入：如果市場出現低波動率環境，價位變動不大，就會獲利。	上下兩檔風險皆無限。
作多組合式期貨 (Long Synthetic Future)	買進價平買權，賣出價平賣權。	模擬作多股票，只有幾乎沒借方或很少的淨方買方。	和標的的物相同的槓桿。
放空組合式期貨 (Short Synthetic Future)	賣出價平買權，買進價平賣權。	模擬放空股票，只有幾乎沒借方或很少的淨方買方。	和放空標的的物相同的槓桿。

編者致謝

　　筆者對於期貨之淵源，約略始於民國七十八年，還在輔大唸書的我迷上了這個市場。當時幸運地碰上劉德明博士回台，在當時位於館前路的公誠貴金屬指導我們美國期貨經紀人(Series 3)考照課程，啓蒙了我對於正統期貨與選擇權市場的觀念。

　　在十餘年的歲月直到今日，若有可以知悉並追隨市場脈動的技能，我想要歸功於許多不吝教導我的先進：

　　2002年我在故鄉高雄認識了李榮祥大哥，也就是本書前一版的譯者、網路選擇權名師Zone3。李大哥與同樣值得我敬仰的黎亞光大哥，在選擇權的學術研究上，給了我許多的指導，李大哥生前對外稱我爲其嫡傳弟子，也是我倍感榮幸的一件事。2006年2月16日李大哥心臟病突發辭世前的一週，我們師徒倆在酒過三巡後，他最後跟我說的一段話讓我印象深刻。

　　他說：「小鐘，你知道何謂四十而不惑？」

　　「所謂愛之欲之生，恨之欲之死，是爲惑也。」

　　「不惑，就是超脫愛恨生死。」

　　人生正如市場或有高低起伏，平靜地面對自我，面對眾人，無愧於心也就夠了。

　　2004年底，在奇狐認識了我的恩師黃勝友先生，可謂我交易生涯最重要的一個轉捩點，在他三年多來的嚴格教誨之下，使我對市

場的技術分析能力得以重大突破，也因此僥倖能在去年重回職場，於元大投信內，我所職掌的期貨避險帳戶單季獲利一倍，沒被股市的空頭修理至今仍為正報酬。黃老師於我之情誼如同父子，在筆者心目中與李榮祥大哥同等之重要。

還有我的好友康和期經總經理吳啓銘先生，時常給予我人生哲理上的啓發，能有這位好友，筆者引以為榮。他在國內期貨經理事業裡堪稱翹楚，其優異的績效更是計量模組派的我們所同感榮耀的。

在此也要感謝奇狐董事長范銘嘉先生，若非幾年前他排除萬難引進奇狐勝券分析軟體，台灣投資人很難在技術分析領域上能自我精進，本書中筆者所設計的選擇權介面也是在奇狐張簡志忠先生等人的鼎力相助之下方能完備。

筆者也要感謝伯父中社社長鐘坤井醫師，在他嚴格的督促期許下，使我不停地鞭策自己對專業領域上的鑽研。

最後要感謝我的父母鐘坤和先生與鄭愛連女士，感謝所有幫助我，指導我，甚至在我業界裡洗鍊我的逆行菩薩們，謝謝大家！

鐘振寧

（任職於國內投信新金融商品部）

大師加持 所向無敵

你還沉淪在飄渺不定的股海中嗎？
讓股市大師陳進郎帶你了解投資人心理
掌握正確的投資方向，拒絕再當股市傻瓜?

本書幫助您了解投資人心理，進而掌握正確投資方向
投資心理學是門必修課，了解自己的心態才能做出正確的投資決策
本書點出投資人心理迷思，並說明如何回歸正常投資心態

暢銷書《股市大贏家》
作者**陳進郎**老師熱情推薦

各大書店門市熱賣中
定價：250元
出版社：培生

購買辦法：
1. 各大書店門市熱賣中
2. 經銷商：紅螞蟻圖書有限公司，電洽02-2795365
3. 團購專線：02-23708168 分機834，培生陳小姐

BT059

雞尾酒經濟學
Cocktail Economics:
Discovering Investment Truths from Everyday Conversations

每種經濟循環下都能獲利的投資觀念

作者■甘圖(Victor A. Canto)
■978-986-154-639-1 定價■360元

　　就如同美酒與美食的理想搭配一般，成功的投資人能夠在不同的經濟情勢下，挑選合適的投資標的！本書教你學會「解讀」經濟循環的變化、政府法令規範的改變、物價成長率的波動、充滿破壞力的科技創新，並找出哪些資產類別在未來將會表現最佳。

　　只要透過日常生活中輕鬆有趣、簡單易懂的小故事和比喻，就能理解雞尾酒經濟學的投資觀念，建立不同景氣循環下的最佳混合型投資策略，就如同雞尾酒一般，是調和了多種酒類才能得出最佳的滋味。

聯合推薦

台灣大學經濟學系教授　**林建甫**　　　　財信傳媒董事長　**謝金河**
投資類暢銷書作家　**陳進郎**　　　　台灣大學財務金融學系教授　**李存修**

媒體推薦

經濟日報、工商時報、管理雜誌、今周刊、Smart致富月刊、非凡新聞e周刊

■團體訂購，另享優惠折扣，請來電洽詢　　　　■訂購來滿2000元，須酌收運費：NT$80
■讀者服務專線：（02）2370-8168分機834　　■傳真：（02）2370-0287
■E-mail：ptg@PearsonEd.com.tw

國家圖書出版品預行編目資料

選擇權易利通：台灣交易實務與策略大全/柯恩(Guy Cohen)原著；
李榮祥, 劉世平譯；鐘振寧編譯. --二版. --臺北市：臺灣培生,
教育, 2008.8
    面； 公分
    譯自：Options Made Easy: Your Guide to Profitable Trading,
second edition
    ISBN 978-986-154-223-2

    1.選擇權 2.投資 3.投資分析

563.5   97008503

FI010
選擇權易利通—台灣交易實務與策略大全

原　　　著	柯恩(Guy Cohen)
譯　　　者	李榮祥、劉世平
編　　譯	鐘振寧
發　行　人	洪欽鎮
主　　編	鄭佳美
協 力 編 輯	蘇淑君
美 編 印 務	陳君瑞
中 文 行 銷	陳依琳
電 腦 排 版	綠貝殼資訊有限公司
封 面 設 計	斐類設計
發　行　所	
出　版　者	台灣培生教育出版股份有限公司
	劃撥帳號19645981　　戶名/台灣培生教育出版股份有限公司
	地址/台北市重慶南路一段147號5樓
	電話/02-2370-8168　傳真/02-2370-8169
	網址/www.PearsonEd.com.tw
	E-mail/ptg@PearsonEd.com.tw
台灣總經銷	紅螞蟻圖書有限公司
	地址/台北市內湖區舊宗路二段121巷28.32號4樓
	電話/02-2795-3656（代表號）傳真/02-2795-4100
香港總經銷	培生教育出版亞洲股份有限公司
	地址/香港鰂魚涌英皇道979號（太古坊康和大廈2樓）
	電話/852-3181-0000　傳真/852-2564-0955
版　　次	2008年8月二版一刷
Ｉ Ｓ Ｂ Ｎ	978-986-154-728-2
定　　價	新台幣480元

100 台北市重慶南路一段147號5樓

台灣培生教育出版股份有限公司　收
Pearson Education Taiwan Ltd.

書號：FI010

書名：選擇權易利通

回函索取奇狐勝券分析系統──盤後版一個月

（詳情請見下頁！）

回函立即免費取得市價1800元的「奇狐勝券分析系統——盤後版」
（試用帳號為期一個月）

★ 活動方式：
   請完整填寫以下資料寄回，以便服務人員與您聯繫，提供試用帳號密碼。

★ 回函有效期間：
   97年8月1日~97年10月31日（以郵戳為憑）

您希望以什麼方式收到最新出版訊息？ □郵件 □e-mail □傳真

姓　　名：＿＿＿＿＿＿＿＿＿＿＿ □先生 □小姐

生　　日：民國＿＿＿年＿＿＿月＿＿＿日

教育程度：□國中　□高中職　□專科　□大學　□研究所以上

職　　業：□金融業 □資訊業 □貿易業 □製造業 □營造業
　　　　　□服務業 □軍公教 □自由業 □學生

職　　位：□負責人 □高階主管 □中階主管 □專業人士 □事務人員
　　　　　□其他

電　　話：(H)＿＿＿＿＿＿＿　(O)＿＿＿＿＿＿＿

傳　　真：＿＿＿＿＿＿＿　手機：＿＿＿＿＿＿＿

E-mail　：＿＿＿＿＿＿＿ @ ＿＿＿＿＿＿＿

地　　址：＿＿＿＿＿＿＿＿＿＿＿＿＿＿＿

您從哪裡買到這本書：□＿＿＿市(縣)＿＿＿書店 □其他＿＿＿＿＿

您對本書有何建議或看法

＿＿＿＿＿＿＿＿＿＿＿＿＿＿＿＿＿＿＿＿＿

＿＿＿＿＿＿＿＿＿＿＿＿＿＿＿＿＿＿＿＿＿

＿＿＿＿＿＿＿＿＿＿＿＿＿＿＿＿＿＿＿＿＿

＿＿＿＿＿＿＿＿＿＿＿＿＿＿＿＿＿＿＿＿＿

讀者服務專線：02-2370-8168#819
http://www.PearsonEd.com.tw　Email：hed_pt.tw@pearson.com